SPSSでやさしく学ぶ
統計解析
［第3版］

石村 貞夫　著
石村 光資郎

東京図書株式会社

[R]〈日本複写権センター委託出版物〉

◎本書の全部または一部を無断で複写複製（コピー）することは著作権上での例外を除き，禁じられています．本書からの複写を希望される場合は，日本複写権センター（03-3401-2382）にご連絡ください．

まえがき

この本の特徴は

　　　　　　　"クリックひとつで，統計解析を楽しく学ぶ！"

という点にあります．でも……

　　　　　　　　　　『統計解析は**難しい！**』

というお話を耳にしますね．

石村「いかがですか，SPSS を使っての統計の勉強は？」

岡　「とってもカンタンなんですね，SPSS って．私にもすぐ使うことができました」

石村「今まで統計の勉強は？」

岡　「そうですね，Excel を使って，やさしい統計の計算をしたことがあります」

石村「Excel と比べて，SPSS はいかがでしたか？」

岡　「それはもう比較にならないほど，SPSS のほうが楽です」

石村「そんなに違いますか？」

岡　「ハイ！　だって，平均，分散，標準偏差のような計算が，**クリックひとつで**
　　　求められるんですもの」

石村「フーム*!!!*　でも……，とすると……，初心者にとっては，クリックひとつ
　　　という点がマイナスの面も持っていますね」

岡　「なぜですか？」

石村「つまり，統計を理解していなくても**クリックひとつで**使えるわけですから……」

岡　「そんなことはないと思います．数学だとまず理解してから……，
　　　となるのかもしれませんが，統計の場合は，まず計算だと私思います」

石村「ということは，平均や分散の計算が大変だと，それだけでもうしりごみ
　　　してしまって，先に進まない？」

岡　「その点，SPSS は**クリックひとつで**計算してくれますから，だれにでも
　　　気楽に使えると思います」

石村「なるほど*!!*　統計の勉強のコツは，"とりあえずデータの平均や分散を
　　　求めてみる" ということだったんですね*!*」

　　　　　　そのほかに気がついたことがありますか，SPSS を使ってみて」
岡　「あとは信頼性が高いことでしょうか？」
石村「シンライセイ？」
岡　「だって，コンピュータを使っていていつも心配になるのは，
　　　　"これでいいのかしら？"ということです」
石村「つまり，コンピュータの出力結果が正しいのかどうかということ？」
岡　「ハイ！　そうです．SPSS は**クリックひとつで**操作できますから，
　　　　ミスのしようがありません」
石村「なるほど！　安心して使えるというのは，精神的にもいいですね．
　　　　ストレスがなくって」
岡　「SPSS を使っていいのなら，多変量解析や分散分析も勉強してみようかな！」
石村「ス，スバラシイ～．ではこの辺で赤ワインで乾杯しましょう」
岡　「ごくろうさまでした．乾杯!!」

　さあ，クリックひとつのSPSSで，
　　　　　"わかってナットク!!　統計解析の旅へ出発！"

　謝辞　この本の執筆を勧めてくださった東京図書の須藤静雄編集部長，宇佐美敦子さん，高橋順子さんに深く感謝いたします．
　最後に，この本を作るきっかけとなった鶴見大学歯学部の岡淳子さんに深く感謝いたします．

2007 年 4 月 30 日

著　者

　　◆本書ではSPSS15.0Jを使用しています．
　　SPSSについての問合せは，エス・ピー・エス・エス株式会社
　　（Tel：03(5466)5511, Fax：03(5466)5621）まで．http://www.spss.co.jp

も く じ

まえがき

1章　Shall We SPSS ?　　2

- 1.1 データを入力しましょう ……………………………………… 2
  - その1　変数名を入力しましょう ………………………… 4
  - その2　値ラベルを利用しましょう ……………………… 8
  - その3　数値を入力しましょう …………………………… 12
- 1.2 データを保存しましょう ……………………………………… 14
- 1.3 データを印刷しましょう ……………………………………… 15
- 1.4 ケースを挿入しましょう ……………………………………… 16
- 1.5 変数を挿入しましょう ………………………………………… 18
- 演習1 ……………………………………………………………… 21
- 解答 ………………………………………………………………… 23

2章　データの変換？　条件？　　24

- 2.1 データを変換してみましょう ………………………………… 26
- 2.2 データの値の再割り当て？　これはとっても便利!! ………… 31
- 2.3 データを選択してみましょう ………………………………… 36
- 2.4 欠損値があるときは!? ………………………………………… 39
- 2.5 データよ，大きさの順に並びなさい！ ……………………… 43
- 2.6 データの重み付けって，何？ ………………………………… 45
- 演習2 ……………………………………………………………… 49
- 解答 ………………………………………………………………… 51

3章　いろいろなグラフを描きましょう　53

- 3.1　グラフ作りのテクニック・その1 …………………………………… 56
- 3.2　グラフ作りのテクニック・その2 …………………………………… 60
- 3.3　箱ひげ図？　エラーバー？ ………………………………………… 65
  - その1　箱ひげ図の作成 …………………………………………… 65
  - その2　エラーバーの作成 ………………………………………… 68
- 3.4　図表ビルダーでグラフを描くときは？ …………………………… 70
- 3.5　インタラクティブでグラフを描くときは？ ……………………… 73
- 演習3 ……………………………………………………………………… 77
- 解答 ……………………………………………………………………… 79

4章　度数分布表とヒストグラムを作りましょう　81

- 4.1　ヒストグラムの作り方 ……………………………………………… 85
- 4.2　度数分布表の作り方 ………………………………………………… 90
- 4.3　度数分布表のメイクアップ!? ……………………………………… 92
- 演習4 ……………………………………………………………………… 98
- 解答 ………………………………………………………………………101

5章　基礎統計量って,平均のこと？　102

- 5.1　基礎統計量って,いったい何？ … 103
  - その1　記述統計をクリックすると … 103
  - その2　探索的をクリックしてみると … 108
- 演習5 … 112
- 解答 … 113

6章　相関係数で2人の相性を！　114

- 6.1　相関を調べてみましょう … 116
- 6.2　散布図を描きましょう … 120
- 演習6 … 124
- 解答 … 125

7章　回帰直線を求めてみましょう　126

- 7.1　散布図を描くと … 128
- 7.2　相関係数を求めてみると … 132
- 7.3　回帰直線を求めてみましょう … 135
- 演習7 … 138
- 解答 … 139

8章　確率分布の数表を作りましょう　140

- 8.1　標準正規分布って？ ……………………………………………142
- 8.2　t 分布の数表を作りましょう …………………………………149
- 8.3　カイ2乗分布の数表を作りましょう …………………………155
- 8.4　F分布の数表を作りましょう …………………………………161
- 演習8 …………………………………………………………………167
- 解答 ……………………………………………………………………168

9章　パラメータの推定は探索的に!!　170

- 9.1　平均値の区間推定をしましょう ………………………………174
- 演習9 …………………………………………………………………178
- 解答 ……………………………………………………………………179

10章　仮説を検定してみましょう　180

- 10.1　2つの平均値の差の検定をしましょう ………………………186
- 演習10 …………………………………………………………………192
- 解答 ……………………………………………………………………193

11章　クロス集計表はアンケートの後で　194

- 11.1　クロス集計表を作りましょう ……………………………………196
- 11.2　独立性の検定をしてみましょう ……………………………………198
- 演習 11 ……………………………………………………………………202
  - 解答 ……………………………………………………………………204

12章　分散分析表って，何？　206

- 12.1　1元配置の分散分析表を作ってみましょう ………………………208
- 12.2　重回帰分析の分散分析表をながめてみましょう …………………212
- 演習 12 ……………………………………………………………………215
  - 解答 ……………………………………………………………………215

13章　時系列データはなめらかに！　216

- 13.1　3項移動平均をしましょう …………………………………………220
- 付録　指数平滑化で明日を予測したい!! ………………………………225
- 演習 13 ……………………………………………………………………234
  - 解答 ……………………………………………………………………235

付録　SPSS 関数一覧　236
参考文献　238
索引　239

◆装幀　戸田ツトム
◆本文レイアウト　小島輝美
◆本文イラスト　石村多賀子

SPSSでやさしく学ぶ統計解析
［第3版］

SPSSを使って
いっしょに
統計解析を
勉強しましょう！

1章 Shall We SPSS ?

Section 1.1 データを入力しましょう

次のデータは25人の医師の出身地，身長，体重，所属，年齢，性別の調査結果です．

表1.1　医師の履歴書

No.	名前	出身地	身長	体重	所属	年齢	性別
1	浅井耕一	東京	178	88	外科	29	男
2	石川友二郎	埼玉	167	65	内科	35	男
3	大島敏夫	神奈川	158	74	内科	41	男
4	大津幸子	東京	155	45	内科	36	女
5	桂　雅之	東京	184	67	産婦人科	43	男
6	河野恵子	千葉	149	55	耳鼻科	36	女
7	斉藤みどり	東京	162	49	耳鼻科	31	女
8	清水貴子	千葉	147	62	内科	33	女
9	高倉洋子	神奈川	153	58	外科	29	女
10	戸田英子	神奈川	164	63	産婦人科	48	女
11	二宮宏美	埼玉	166	45	耳鼻科	31	女
12	松本健三	東京	174	79	内科	43	男
13	山崎　均	千葉	170	76	外科	38	男
14	高橋しげみ	東京	143	51	外科	27	女
15	黒田和夫	埼玉	151	47	耳鼻科	26	男
16	田中四郎	東京	188	66	精神科	35	男
17	根岸美子	千葉	147	45	産婦人科	47	女
18	谷川浩之	東京	181	77	内科	42	男
19	長谷川道夫	神奈川	168	90	産婦人科	39	男
20	鈴木哲也	神奈川	175	81	外科	52	男
21	中沢ゆかり	埼玉	158	50	内科	44	女
22	小川久美子	千葉	156	48	精神科	37	女
23	神谷洋五	東京	176	73	外科	48	男
24	佐藤英樹	埼玉	161	63	精神科	31	男
25	石井豊子	千葉	165	49	内科	29	女

出身地のところは
東京→1
埼玉→2
のように
ラベルを利用
しましょう

所属や性別も
ラベルを
利用すると
便利ですよ

このデータを，SPSSのデータファイルに入力しましょう．

SPSSのデータファイルが次のようになれば完成です．

	名前	出身地	身長	体重	所属	年齢	性別
1	浅井耕一	1	178	88	外科	29	男
2	石川友二郎	2	167	65	内科	35	男
3	大島敏夫	3	158	74	内科	41	男
4	大津幸子	1	155	45	内科	36	女
5	桂雅之	1	184	67	産婦人科	43	男
6	河野恵子	4	149	55	耳鼻科	36	女
7	斉藤みどり	1	162	49	耳鼻科	31	女
8	清水貴子	4	147	62	内科	33	女
9	高倉洋子	3	153	58	外科	29	女
10	戸田英子		164			48	女
...							
24	佐藤英樹	2	161	63	精神科	31	男
25	石井豊子	4	165	49	内科	29	女

ケース1 → 1
ケース2 → 2
ケース3 → 3
ケース25 → 25

出身地にラベルを付けると次のようになります

ラベル付き ↓

	名前	出身地	身長	体重	所属	年齢	性別
1	浅井耕一	東京	178	88	外科	29	男
2	石川友二郎	埼玉	167	65	内科	35	男
3	大島敏夫	神奈川	158	74	内科	41	男
4	大津幸子	東京	155	45	内科	36	女
5	桂雅之	東京	184	67	産婦人科	43	男
6	河野恵子	千葉	149	55	耳鼻科	36	女
7	斉藤みどり	東京	162	49	耳鼻科	31	女
8	清水貴子	千葉	147	62	内科	33	女
9	高倉洋子	神奈川	153	58	外科	29	女
10	戸田英子		164			48	女
...		東京			外科		
24	佐藤英樹	埼玉	161	63	精神科	31	男
25	石井豊子	千葉	165	49	内科	29	女

Section 1.1　データを入力しましょう

◆その1　　変数名を入力しましょう

手順① 次の画面から始めましょう．画面左下の 変数ビュー をクリック．

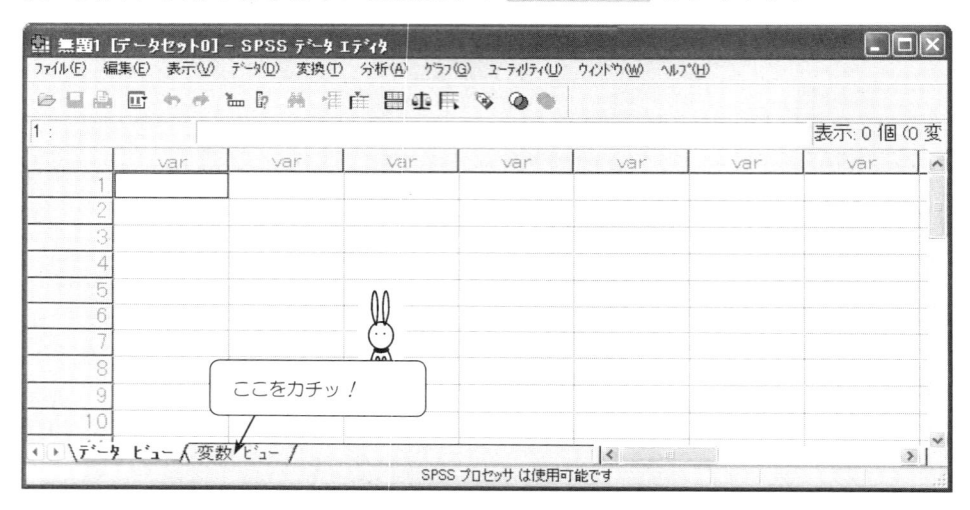

手順② すると，次のような変数ビューの画面に変わります．

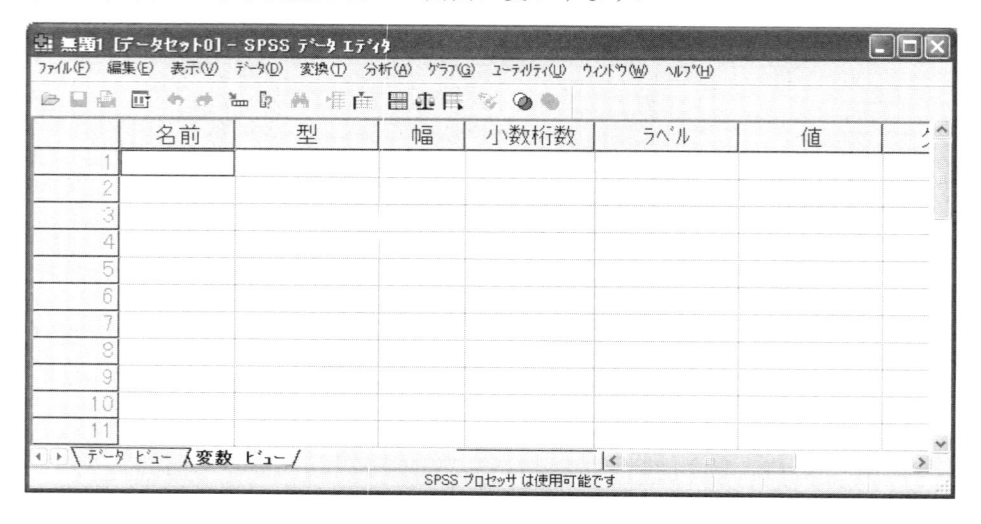

4　　1章　Shall We SPSS ?

手順③　**名前** とは変数名のことです．そこで，データの最初の変数名は**名前**なので，次のように入力．そして ↵．

手順④　すると，**型** や **幅** や **小数桁数** のセルにいろいろなものが現れます．

医師の名前を入力したいので，数値の右の … をクリックすると……

Section 1.1　データを入力しましょう

手順5　次の画面になります．

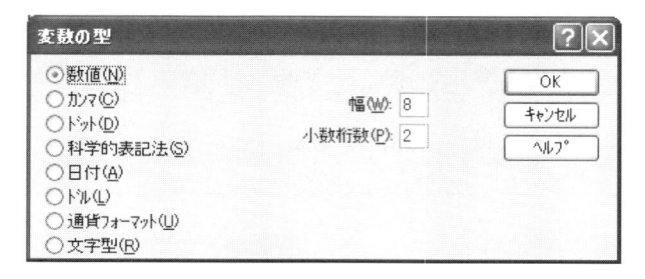

手順6　そこで，**文字型(R)** をクリックして，OK．

ここを
クリック
してネ

手順7 すると，次のように **型** のところが文字型に変わります．

ただし，このままだと5文字（全角）の人の名前が入りきらないので，**幅** の8を10に変えます．

そこで，画面左下の **データビュー** をクリックして……

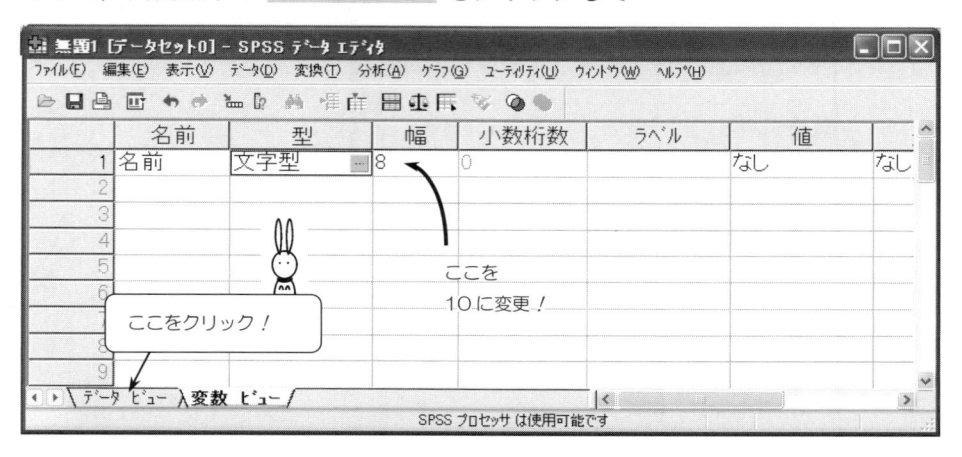

手順8 **名前** の下に，浅井耕一，石川友二郎と順にデータを入力してください．

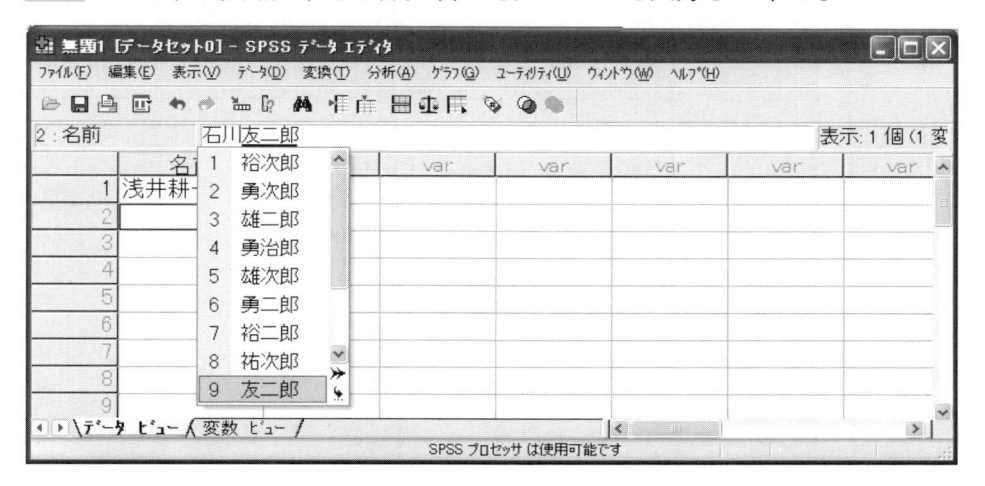

◆その2　値ラベルを利用しましょう

出身地の変数では，入力するデータが4種類しかありません．

このようなときは 値ラベル(E) を利用しましょう．

次のラベルを利用して出身地を入力します．

数値	1	2	3	4
ラベル	東京	埼玉	神奈川	千葉

1→千葉
2→東京
⋮
としてもOKよ！

手順①　画面左下の 変数ビュー をクリック．次のように
2行目に入力したら，出身地の 値 のセルをクリック．

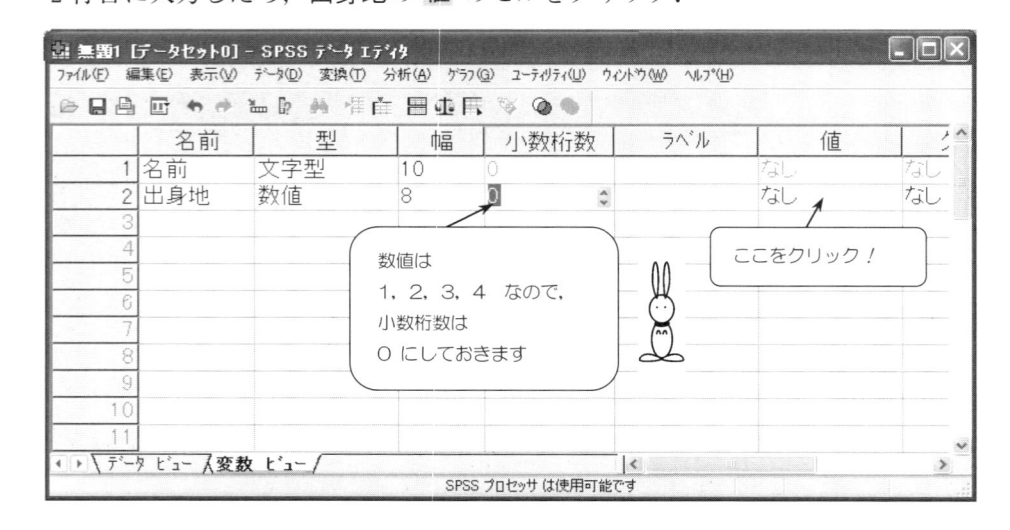

数値は
1, 2, 3, 4 なので，
小数桁数は
0 にしておきます

ここをクリック！

手順② 出身地の 値 のセルが なし となりますから，

… をクリックすると，次のような値ラベルの画面になります．

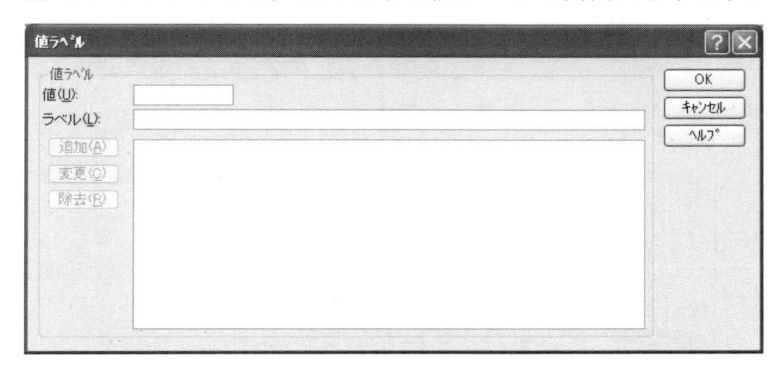

手順③ そこで， 値(U) と 値ラベル(E) を交互に利用して，
次のように入力してください．

```
1 = "東京"
2 = "埼玉"
3 = "神奈川"
4 = "千葉"
```

← 値(U) 1
⇩
値ラベル(E) 東京
⇩
追加(A)
⇩
値(U) 2
⇩
⋮
追加(A)
⇩
⋮

Section 1.1 データを入力しましょう 9

手順[4]　　OK　　をクリックして，画面をデータビューに戻したら，次のようにデータを入力します．

	名前	出身地
1	浅井耕一	1
2	石川友二郎	2
3	大島敏夫	3
4	大津幸子	1
5	桂雅之	1
6	河野恵子	4
7	斉藤みどり	1
8	清水貴子	4
9	高倉洋子	3
10	戸田英子	3
11	二宮宏美	2
12	松本健三	1
13	山崎均	4
14	高橋しげみ	1
15	黒田和夫	2
16	田中四郎	1
17	根岸美子	4
18	谷川浩之	1
19	長谷川道夫	3
20	鈴木哲也	3
21	中沢ゆかり	2
22	小川久美子	4
23	神谷洋五	1
24	佐藤英樹	2
25	石井豊子	4

←数値

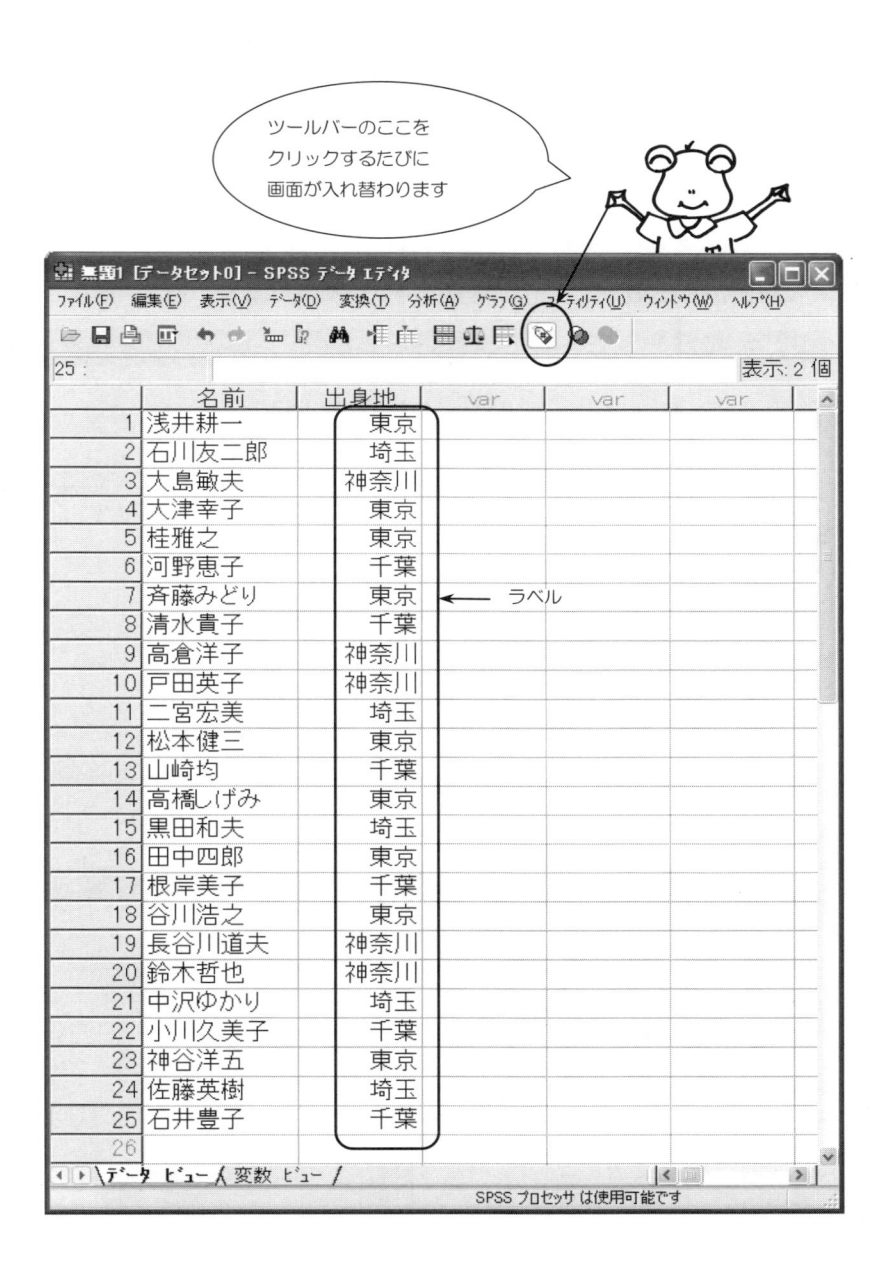

> ツールバーのここを
> クリックするたびに
> 画面が入れ替わります

	名前	出身地	var	var	var
1	浅井耕一	東京			
2	石川友二郎	埼玉			
3	大島敏夫	神奈川			
4	大津幸子	東京			
5	桂雅之	東京			
6	河野恵子	千葉			
7	斉藤みどり	東京	← ラベル		
8	清水貴子	千葉			
9	高倉洋子	神奈川			
10	戸田英子	神奈川			
11	二宮宏美	埼玉			
12	松本健三	東京			
13	山崎均	千葉			
14	高橋しげみ	東京			
15	黒田和夫	埼玉			
16	田中四郎	東京			
17	根岸美子	千葉			
18	谷川浩之	東京			
19	長谷川道夫	神奈川			
20	鈴木哲也	神奈川			
21	中沢ゆかり	埼玉			
22	小川久美子	千葉			
23	神谷洋五	東京			
24	佐藤英樹	埼玉			
25	石井豊子	千葉			

◆その3　│　数値を入力しましよう

　身長を入力しましょう．身長のデータは数値で与えられています．

手順[1]　次の画面から始めましょう．画面左下の 変数ビュー をクリックして……

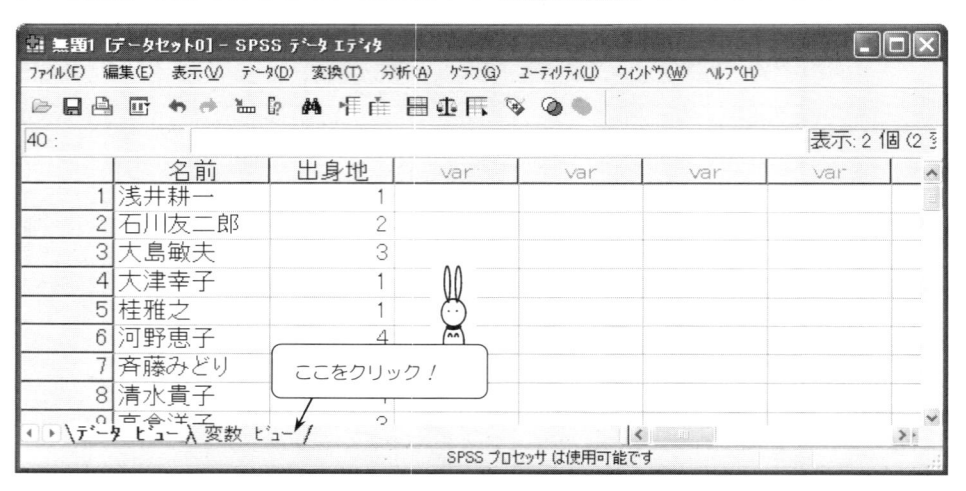

　　　　　　　　　　　　　　　　　　　　　　　ここをクリック！

手順[2]　変数ビューの画面になったら，次のように身長を入力します．

	名前	型	幅	小数桁数	ラベル	値
1	名前	文字型	10	0		なし
2	出身地	数値	6	0		[1, 東京]...
3	身長	数値	8	2		なし

手順3 このデータは整数ですから，**小数桁数** を0にしておきます．そして

	名前	型	幅	小数桁数	ラベル	値
1	名前	文字型	10	0		なし
2	出身地	数値	6	0		{1, 東京}...
3	身長	数値	8	0		なし

手順4 画面をデータビューに戻し……，あとは

上から順に，178，167，158，……と入力してください．

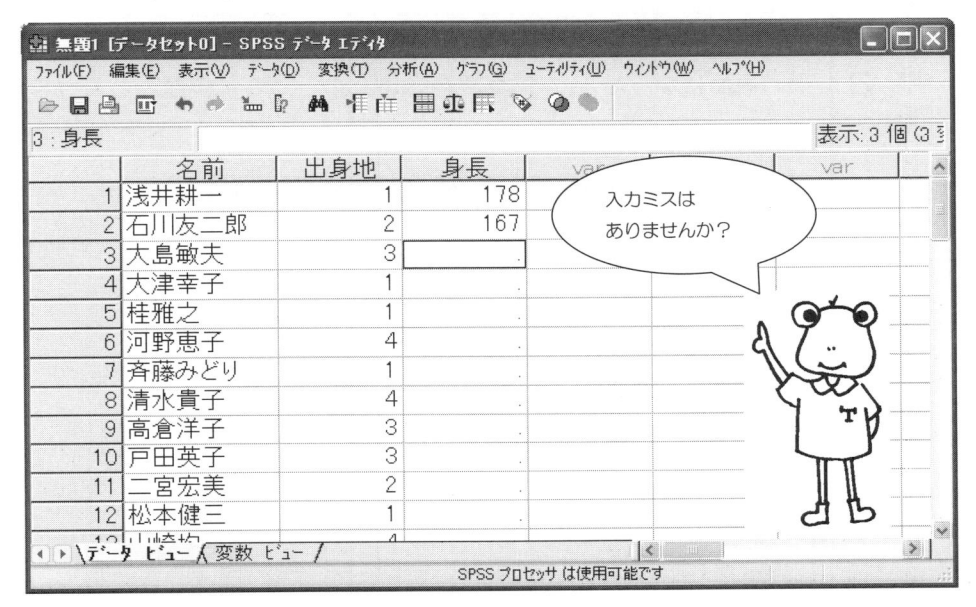

	名前	出身地	身長
1	浅井耕一	1	178
2	石川友二郎	2	167
3	大島敏夫	3	
4	大津幸子	1	
5	桂雅之	1	
6	河野恵子	4	
7	斉藤みどり	1	
8	清水貴子	4	
9	高倉洋子	3	
10	戸田英子	3	
11	二宮宏美	2	
12	松本健三	1	

入力ミスはありませんか？

Section 1.2 データを保存しましょう

手順 1 **ファイル(F)** のメニューから，**名前を付けて保存(A)** を選択.

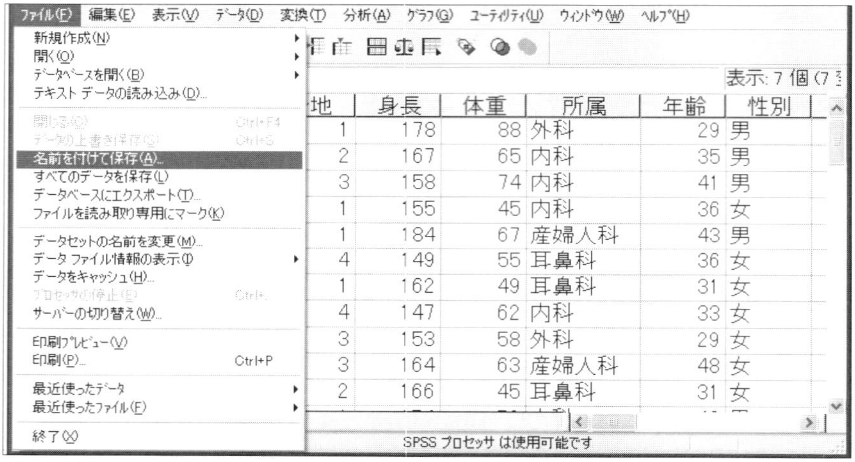

手順 2 次の画面になったら，**ファイル名(N)** のところに例題1と入力して，保存しておきましょう．

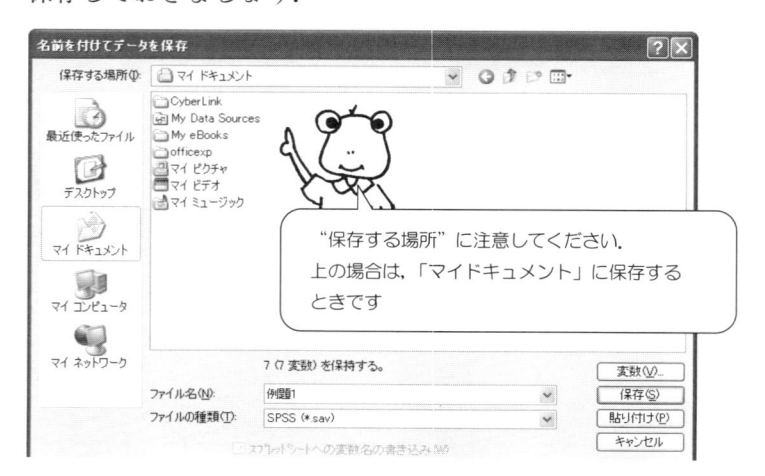

> "保存する場所"に注意してください．
> 上の場合は，「マイドキュメント」に保存するときです

14　1章　Shall We SPSS ?

Section 1.3 データを印刷しましょう

手順① **ファイル(F)** のメニューから，**印刷(P)** を選択します．

手順② あとは **OK** ボタンをマウスでカチッ！

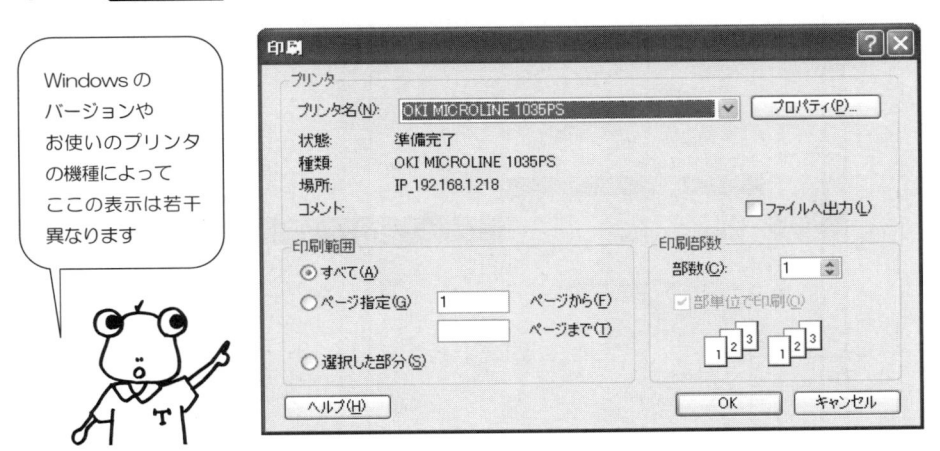

> Windows の
> バージョンや
> お使いのプリンタ
> の機種によって
> ここの表示は若干
> 異なります

Section 1.4　ケースを挿入しましょう

手順① 4 行目と 5 行目の間に新しいケースを挿入したいときには，
5 行目のケースをクリックしておきます．

	名前	出身地	身長	体重	所属	年齢	性別	var
1	浅井耕一	1	178	88	外科	29	男	
2	石川友二郎	2	167	65	内科	35	男	
3	大島敏夫	3	158	74	内科	41	男	
4	大津幸子	1	155	45	内科	36	女	
5	桂雅之	1	184	67	産婦人科	43	男	
6	河野恵子	4	149	55	耳鼻科	36	女	
7	斉藤みどり	1	162	49	耳鼻科	31	女	
8	清水貴子	4	147	62	内科	33	女	
9	高倉洋子	3	153	58	外科	29	女	
10	戸田英子	3	164	63	産婦人科	48	女	
11	二宮宏美	2	166	45	耳鼻科	31	女	

手順② 編集(E) のメニューの中から，ケースの挿入(I) を選択します．

手順③　次のようになればOKです．

	名前	出身地	身長	体重	所属	年齢	性別	var
1	浅井耕一	1	178	88	外科	29	男	
2	石川友二郎	2	167	65	内科	35	男	
3	大島敏夫	3	158	74	内科	41	男	
4	大津幸子	1	155	45	内科	36	女	
5								
6	桂雅之	1	184	67	産婦人科	43	男	
7	河野恵子	4	149	55	耳鼻科	36	女	
8	斉藤みどり	1	162	49	耳鼻科	31	女	
9	清水貴子	4	147	62	内科	33	女	
10	高倉洋子	3	153	58	外科	29	女	
11	戸田英子	3	164	63	産婦人科	48	女	
12	二宮宏美	2	166	45	耳鼻科	31	女	
13	松本健三	1	174	79	内科	43	男	
14	山崎均	4	170	76	外科	38	男	
15	高橋しげみ	1	143	51	外科	27	女	
16	黒田和夫	2	151	47	耳鼻科	26	男	
17	田中四郎	1	188	66	精神科	35	男	

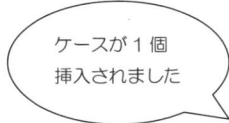

ケースが1個挿入されました

Section 1.5　変数を挿入しましょう

手順①　2列目と3列目の間に新しい列を挿入したいときは，
　　　　3列目をクリックしておきます．

	名前	出身地	身長	体重	所属	年齢	性別	var
1	浅井耕一	1	178	88	外科	29	男	
2	石川友二郎	2	167	65	内科	35	男	
3	大島敏夫	3	158	74	内科	41	男	
4	大津幸子	1	155	45	内科	36	女	
5	桂雅之	1	184	67	産婦人科	43	男	
6	河野恵子	4	149	55	耳鼻科	36	女	
7	斉藤みどり	1	162	49	耳鼻科	31	女	
8	清水貴子	4	147	62	内科	33	女	
9	高倉洋子	3	153	58	外科	29	女	
10	戸田英子	3	164	63	産婦人科	48	女	
11	二宮宏美	2	166	45	耳鼻科	31	女	

手順②　　編集(E) のメニューの中から，変数の挿入(V) を選択．

18　　1章　Shall We SPSS ?

手順3 すると，次のように新しい列が挿入されます．

	名前	出身地	VAR00001	身長	体重	所属	年齢	性別
1	浅井耕一	1		178	88	外科	29	男
2	石川友二郎	2		167	65	内科	35	男
3	大島敏夫	3		158	74	内科	41	男
4	大津幸子	1		155	45	内科	36	女
5	桂雅之	1		184	67	産婦人科	43	男
6	河野恵子	4		149	55	耳鼻科	36	女
7	斉藤みどり	1		162	49	耳鼻科	31	女
8	清水貴子	4		147	62	内科	33	女
9	高倉洋子	3		153	58	外科	29	女
10	戸田英子	3		164	63	産婦人科	48	女
11	二宮宏美	2		166	45	耳鼻科	31	女
12	松本健三	1		174	79	内科	43	男
13	山崎均	4		170	76	外科	38	男
14	高橋しげみ	1		143	51	外科	27	女
15	黒田和夫	2		151	47	耳鼻科	26	男
16	田中四郎	1		188	66	精神科	35	男
17	根岸美子	4		147	45	産婦人科	47	女

変数が1列挿入されました

　　　　　　　　　SPSSの終了です．
　　　　　　　　　おつかれさま！

SPSS 15.0J for Windows

データ エディタ ウィンドウをを閉じると SPSS が終了します．
続行しますか？

☐ 以後この警告を表示しない(D)

　　　［はい(Y)］　　　［いいえ(N)］

SPSSを終了するときに，
データの保存が終わっていないと，
このような警告が出ます．
いいえ(N) をクリックして，
データを保存しましょう！

演習 1

次のデータは，アメリカ人の教育歴と子供の数についての調査結果です．

問 1.1 データビューに入力し，ファイル名"演習 1"で保存してください．

ただし

性別に関しては，　女性 ⇨ 1，　男性 ⇨ 2

人種に関しては，　黒人 ⇨ 1，　白人 ⇨ 2，　その他 ⇨ 3

地域に関しては，　西部 ⇨ 1，　中部 ⇨ 2，　東部 ⇨ 3

のようにラベル付きで入力しましょう．

表 1.2　アメリカ人の生活

No.	性別	人種	地域	子供の数	年齢	教育歴
1	女性	黒人	西部	1	42	14
2	女性	黒人	西部	0	21	12
3	男性	白人	西部	1	41	15
4	女性	白人	西部	5	69	12
5	男性	白人	中部	0	47	20
6	女性	白人	中部	2	68	12
7	男性	白人	中部	0	22	15
8	男性	白人	中部	0	33	19
9	女性	白人	中部	2	72	12
10	女性	黒人	中部	0	21	13
11	女性	黒人	中部	2	36	12
12	女性	黒人	中部	1	22	12
13	女性	黒人	中部	1	35	13
14	男性	白人	東部	1	36	18
15	男性	白人	東部	0	28	12
16	女性	白人	東部	0	26	16
17	女性	白人	東部	0	20	12
18	男性	白人	東部	0	23	5
19	女性	白人	東部	4	36	9

No.	性別	人種	地域	子供の数	年齢	教育歴
20	女性	白人	西部	1	43	16
21	女性	白人	西部	0	28	16
22	男性	白人	中部	3	69	13
23	女性	白人	中部	2	52	14
24	男性	白人	中部	2	50	16
25	女性	白人	中部	1	36	16
26	女性	白人	中部	2	45	12
27	女性	白人	中部	2	48	12
28	男性	白人	西部	3	53	12
29	男性	白人	東部	2	42	17
30	男性	白人	東部	0	52	12
31	女性	白人	東部	5	54	13
32	男性	白人	東部	1	31	10
33	女性	その他	中部	0	31	12
34	女性	その他	中部	0	73	7
35	女性	白人	中部	1	81	11
36	女性	白人	中部	2	73	11
37	女性	その他	中部	3	69	10
38	男性	その他	中部	1	61	3
39	男性	その他	中部	2	44	13
40	女性	白人	東部	3	76	12
41	女性	白人	東部	3	82	12
42	女性	白人	東部	1	41	14
43	女性	白人	東部	0	30	12
44	男性	白人	東部	0	82	12

解答

答 1.1

	性別	人種	地域	子供の数	年齢	教育歴
1	1	1	1	1	42	14
2	1	1	1	0	21	12
3	2	2	1			
4	1	2	1			
5	2	2	2			
6	1	2	2			
7	2	2	2			
8	2	2	2			
9	1	2	2			
10	1	1	2			
11	1	1	2			
12	1	1	2			
13	1	1	2			
14	2	2	3			
15	2	2	3			
16	1	2	3			
17	1	2	3			
18	2	2	3			
19	1	2	3			
20	1	2	1			
21	1	2	1			
22	2	2	2			
23	1	2	2			
…						
34	1	3	2			
35	1	2	2			
36	1	2	2			
37	1	3	2			
38	2	3	2			
39	2	3	2			
40	1	2	3			
41	1	2	3			
42	1	2	3			
43	1	2	3			
44	2	2	3			
45						

	性別	人種	地域	子供の数	年齢	教育歴
1	女性	黒人	西部	1	42	14
2	女性	黒人	西部	0	21	12
3	男性	白人	西部	1	41	15
4	女性	白人	西部	5	69	12
5	男性	白人	中部	0	47	20
6	女性	白人	中部	2	68	12
7	男性	白人	中部	0	22	15
8	男性	白人	中部	0	33	19
9	女性	白人	中部	2	72	12
10	女性	黒人	中部	0	21	13
11	女性	黒人	中部	2	36	12
12	女性	黒人	中部	1	22	12
13	女性	黒人	中部	1	35	13
14	男性	白人	東部	1	36	18
15	男性	白人	東部	0	28	12
16	女性	白人	東部	0	26	16
17	女性	白人	東部	0	20	12
18	男性	白人	東部	0	23	5
19	女性	白人	東部	4	36	9
20	女性	白人	西部	1	43	16
21	女性	白人	西部	0	28	16
22	男性	白人	中部	3	69	13
23	女性	白人	中部	2	52	14
24	男性	白人		2		
…			中部		31	
34	女性	その他	中部	0	73	7
35	女性	白人	中部	1	81	11
36	女性	白人	中部	2	73	11
37	女性	その他	中部	3	69	10
38	男性	その他	中部	1	61	3
39	男性	その他	中部	2	44	13
40	女性	白人	東部	3	76	12
41	女性	白人	東部	3	82	12
42	女性	白人	東部	1	41	14
43	女性	白人	東部	0	30	12
44	男性	白人	東部	0	82	12
45						

2章 データの変換？ 条件？

1章で入力したデータ"例題1"を使って，データの変換の練習をしましょう．

"例題1"のファイルを呼び出すには，

ファイル(F) のメニューから 開く(O) ⇨ データ(A) を選択．

> 1章で保存したデータ
> "例題1"を使います

ファイルの場所(I) はマイドキュメントフォルダでしたね．

ファイル名(N) の中へ例題1を入力して， 開く(O) をクリック．

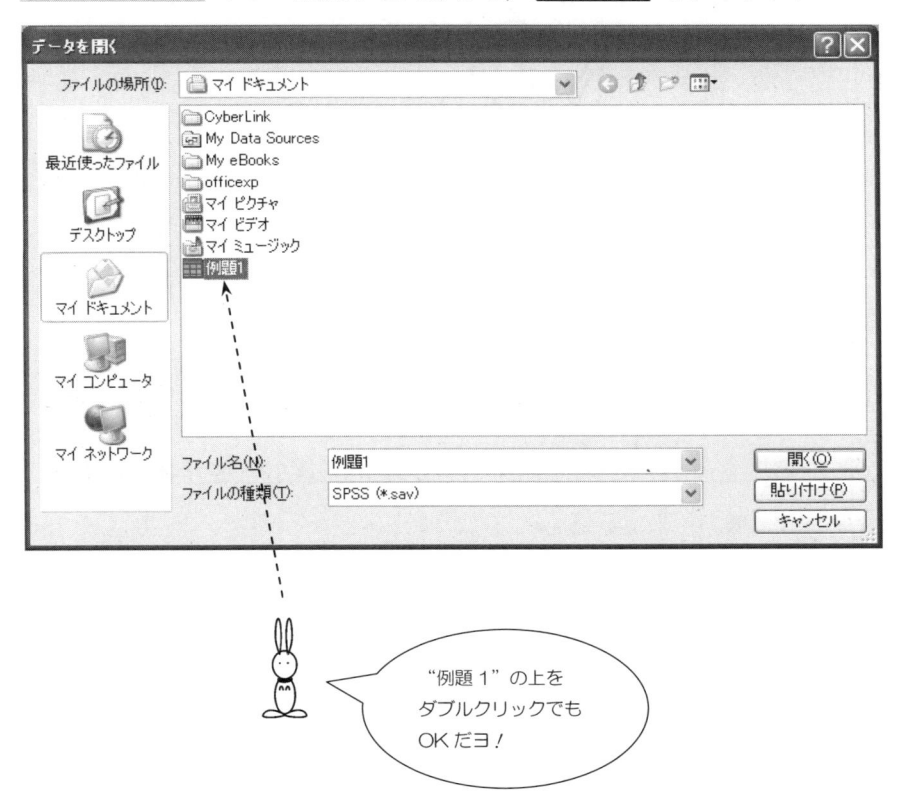

"例題1"の上をダブルクリックでもOKだヨ！

Section 2.1 データを変換してみましょう

身長のデータを，次のように変換してみましょう．

変換前　　　　　変換後

$$身長 \longmapsto \frac{身長 - 平均値}{標準偏差}$$

$$= \frac{身長 - 163.84}{12.34}$$

> この変換をデータの標準化と
> いいます．
>   平均値 ＝ 163.84
>   標準偏差 ＝ 12.34

手順 ① **変換(T)** のメニューの中から， **変数の計算(C)** を選択．

手順② 次の画面になったら，**目標変数(T)** のワクの中に身長1と入力します．

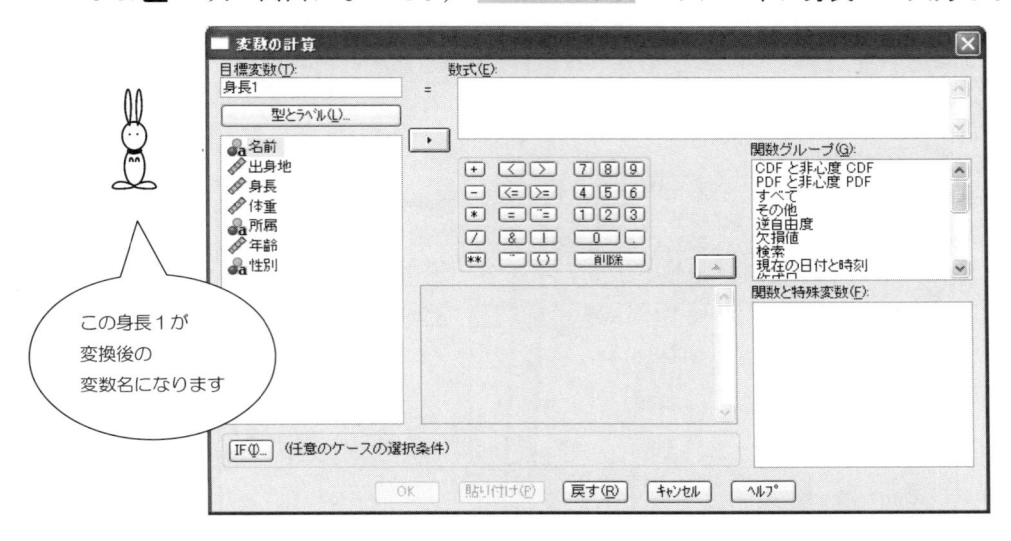

この身長1が
変換後の
変数名になります

手順③ 右上の **数式(E)** のワクの中に

(身長 − 163.84) / 12.34

と入力します．そのために，まず，カッコ()をクリック．

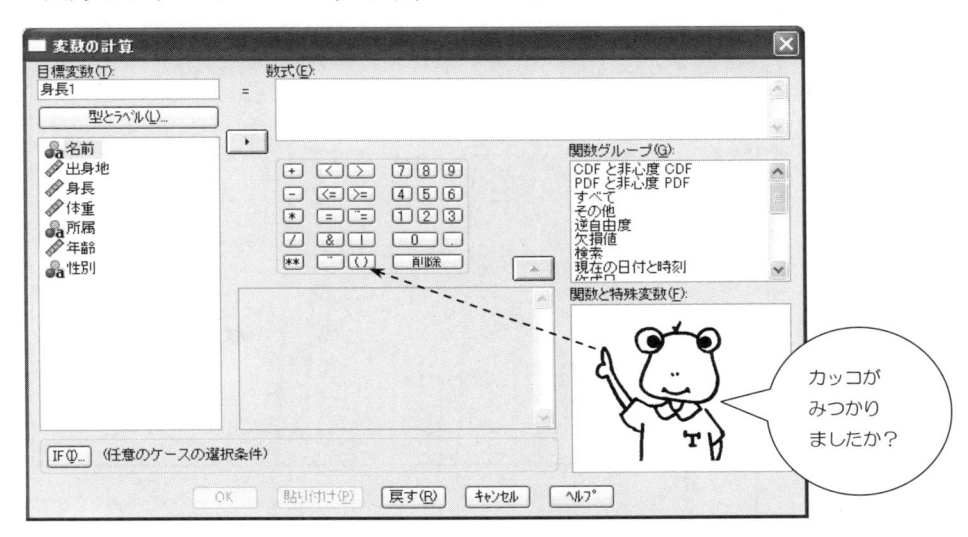

カッコが
みつかり
ましたか？

Section 2.1 データを変換してみましょう

手順 4 続いて，左のワクの中から身長を選択して，▶をクリックすると，次のようになります．続いて，マイナス⊟をクリック．

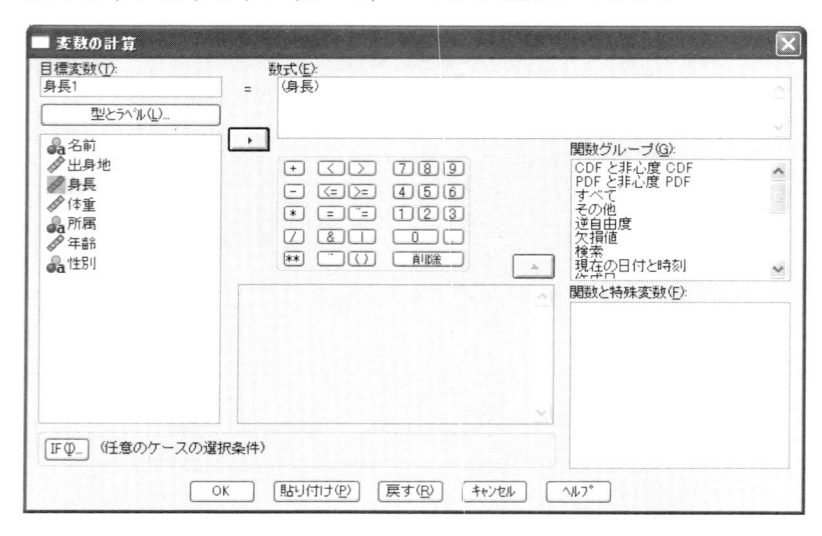

手順 5 163.84 と入力して，カーソルを右カッコの外へ移動し，割り算⊡をクリック．

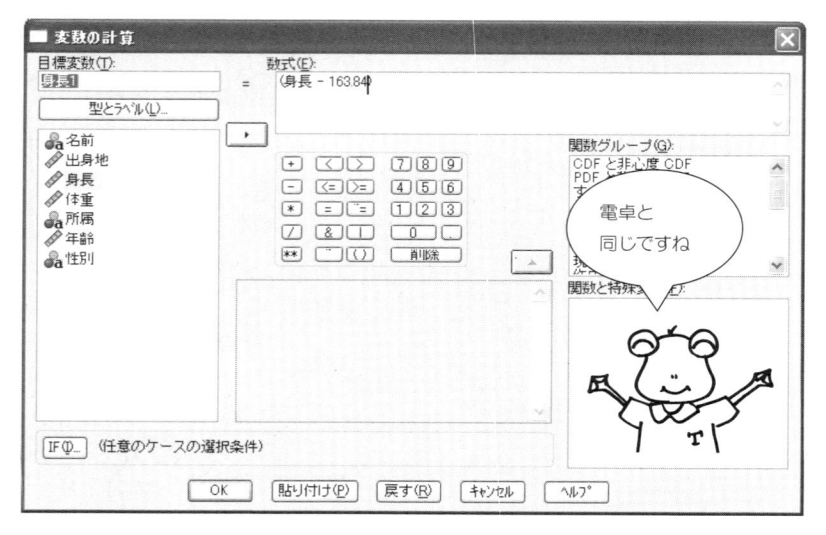

電卓と同じですね

手順⑥　そして 12.34 を入力.

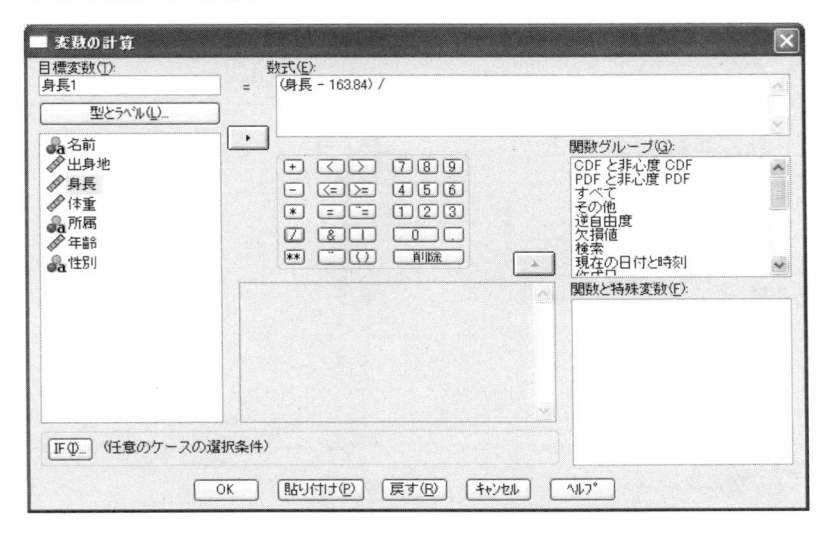

手順⑦　次のようになれば完成です.

あとは　OK　ボタンをマウスでカチッ！

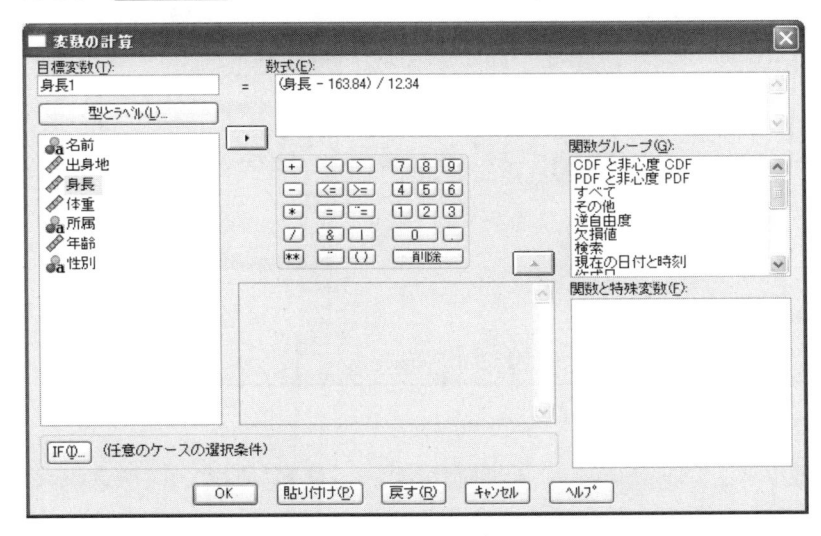

Section 2.1　データを変換してみましょう　29

【SPSSによる出力】

次のようになりましたか？

	名前	出身地	身長	体重	所属	年齢	性別	身長1
1	浅井耕一	東京	178	88	外科	29	男	1.15
2	石川友二郎	埼玉	167	65	内科	35	男	.26
3	大島敏夫	神奈川	158	74	内科	41	男	-.47
4	大津幸子		155			36		
		東京		73	外科			
24	佐藤英樹	埼玉	161	63	精神科	31	男	-.23
25	石井豊子	千葉	165	49	内科	29	女	.09
26								

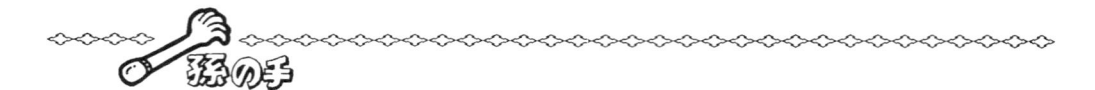

――― 孫の手 ―――

1. 対数変換の場合は，**関数グループ(G)** の算術の中から Ln を探しましょう．

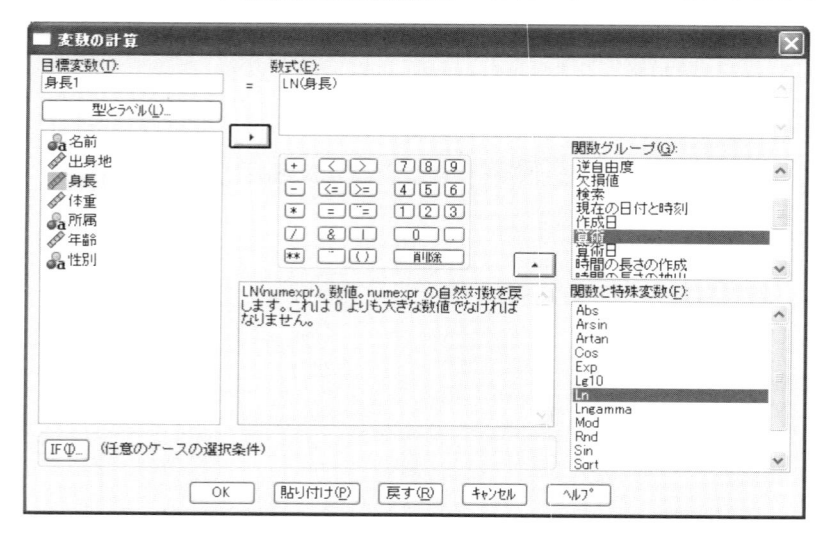

2. データの標準化は，次の手順でも OK です．

   分析(A) ⇨ **記述統計(E)** ⇨ **記述統計(D)** ⇨ **標準化された値を変数として保存(Z)**

Section 2.2　データの値の再割り当て？　これはとっても便利!!

データの値を変更したいときは，他の変数への値の再割り当て(R) をしましょう．

たとえば，性別 のデータは

　　　　　　男，女

となっていますが，このデータを

　　　　　　男を1に，女を2に

変更したいときは……

> このときの変数名は"性別1"のように，元の変数名とは別にしておきましょう

手順①　変換(T) から，他の変数への値の再割り当て(R) を選択します．

手順 ② 性別を選択して，▶をクリック．次のようになったら……

手順 ③ 変換先変数 の 名前(N) のワクの中に性別1と入力して
変更(C) をクリック．

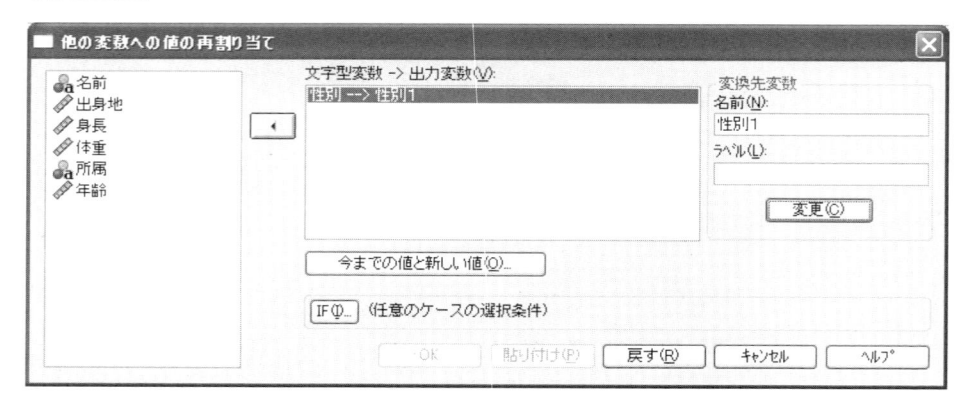

手順[4] 　[今までの値と新しい値(O)] をクリックすると，次の画面が現れるので，
今までの値 のワクの中へ男を，新しい値 のワクの中へ1を入力．
そして，[追加(A)]をクリック．すると……

手順[5] 　次のようになります．

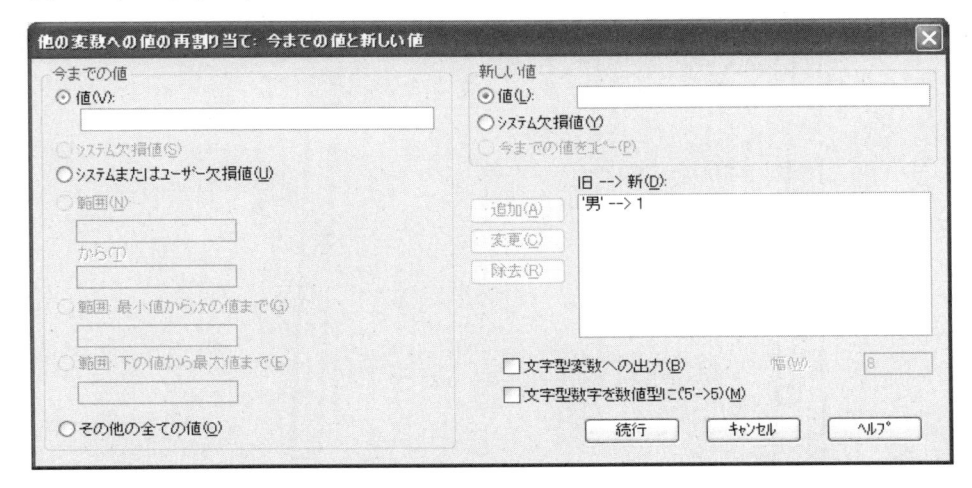

Section 2.2　データの値の再割り当て？　これはとっても便利!!

手順⑥　続いて，女を2に変えたいので，次のように入力して
　　　　追加(A) をクリック．すると……

手順⑦　次のようになります． 続行 をクリックすると，手順②の画面に
　　　　戻りますから，あとは OK ボタンをマウスでカチッ！

【SPSSによる出力】

このようになりました

	名前	出身地	身長	体重	所属	年齢	性別	身長1	性別1
1	浅井耕一	東京	178	88	外科	29	男	1.15	1.00
2	石川友二郎	埼玉	167	65	内科	35	男	.26	1.00
3	大島敏夫	神奈川	158	74	内科	41	男	-.47	1.00
4	大津幸子	東京	155	45	内科	36	女	-.72	2.00
5	桂雅之	東京	184	67	産婦人科	43	男	1.63	1.00
6	河野恵子	千葉	149	55	耳鼻科	36	女	-1.20	2.00
7	斉藤みどり	東京	162	49	耳鼻科	31	女	-.15	2.00
8	清水貴子	千葉	147	62	内科	33	女	-1.36	2.00
9	高倉洋子	神奈川	153	58	外科	29	女	-.88	2.00
10	戸田英子	神奈川	164	63	産婦人科	48	女	.01	2.00
11	二宮宏美	埼玉	166	45	耳鼻科	31	女	.18	2.00
12	松本健三	東京	174	79	内科	43	男	.82	1.00
13	山崎均	千葉	170	76	外科	38	男	.50	1.00
14	高橋しげみ	東京	143	51	外科	27	女	-1.69	2.00
15	黒田和夫	埼玉	151	47	耳鼻科	26	男	-1.04	1.00
16	田中四郎	東京	188	66	精神科	35	男	1.96	1.00
17	根岸美子	千葉	147	45	産婦人科	47	女	-1.36	2.00
18	谷川浩之	東京	181	77	内科	42	男	1.39	1.00
19	長谷川道夫	神奈川	168	90	産婦人科	39	男	.34	1.00
20	鈴木哲也	神奈川	175	81	外科	52	男	.90	1.00
21	中沢ゆかり	埼玉	158	50	内科	44	女	-.47	2.00
22	小川久美子	千葉	156	48	精神科	37	女	-.64	2.00
23	神谷洋五	東京	176	73	外科	48	男	.99	1.00
24	佐藤英樹	埼玉	161	63	精神科	31	男	-.23	1.00
25	石井豊子	千葉	165	49	内科	29	女	.09	2.00
26									

データの標準化です

Section 2.3　データを選択してみましょう

データの中の一部分だけを取り出して，統計処理をおこないたいときがあります．
そのような場合には，ケースの選択(C) を利用しましょう．
たとえば，

"出身地 が東京（＝1）の人，または，神奈川（＝3）の人"

を取り上げて，統計処理をしたいときは……

手順①　データ(D) のメニューの中から，ケースの選択(C) をクリック．

手順2　**選択状況** の **IF条件が満たされるケース(C)** をクリックして，
　　　　IF(I) もクリック．

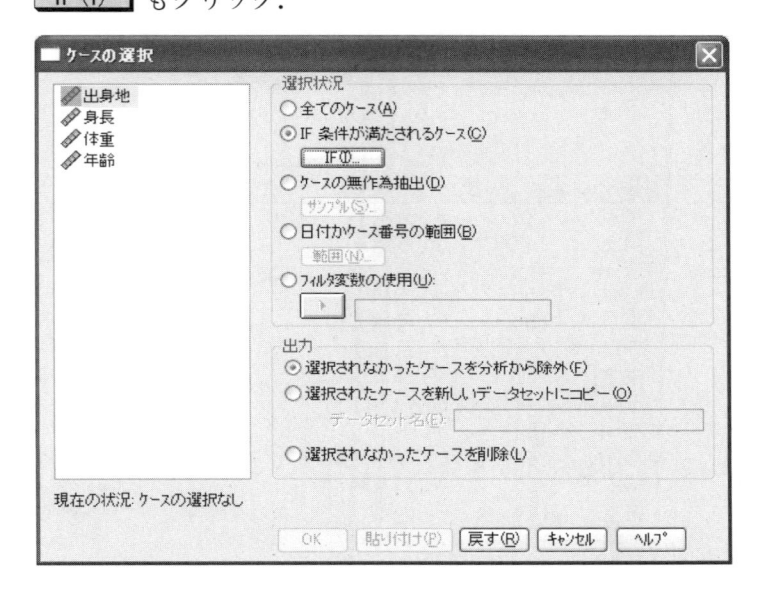

手順3　次の画面になったら左のワクの中の出身地をクリックして，▶もクリック．
　　　　あとは，＝ ⇨ 1 ⇨ | ⇨ 出身地 ⇨ ＝ ⇨ 3とクリックします．
　　　　続行 をクリックすると，手順2に戻りますから， **OK** を！

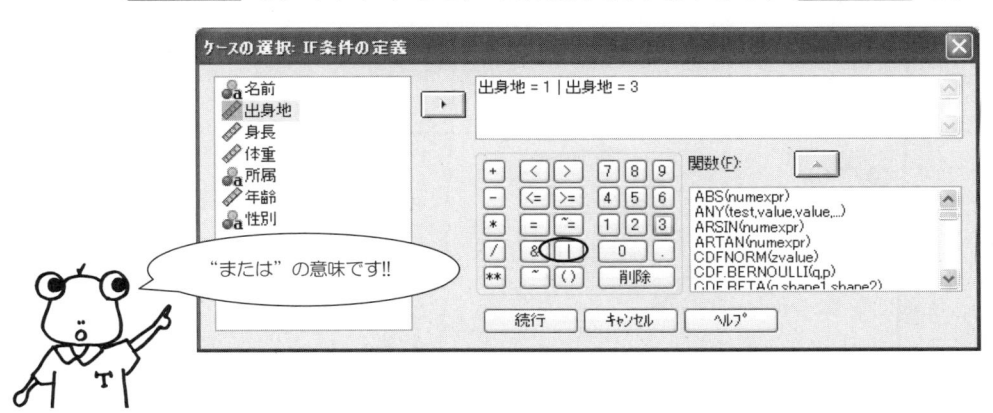

"または" の意味です!!

【SPSSによる出力】

次のように選択されていないケースに斜線が入ります.

> データビューを見てください

	名前	出身地	身長	体重	所属	年齢	性別	filter_$
1	浅井耕一	東京	178	88	外科	29	男	選択されているケース
2	石川友二郎	埼玉	167	65	内科	35	男	選択されていないケース
3	大島敏夫	神奈川	158	74	内科	41	男	選択されているケース
4	大津幸子	東京	155	45	内科	36	女	選択されているケース
5	桂雅之	東京	184	67	産婦人科	43	男	選択されているケース
6	河野恵子	千葉	149	55	耳鼻科	36	女	選択されていないケース
7	斉藤みどり	東京	162	49	耳鼻科	31	女	選択されているケース
8	清水貴子	千葉	147	62	内科	33	女	選択されていないケース
9	高倉洋子	神奈川	153	58	外科	29	女	選択されているケース
10	戸田英子	神奈川	164	63	産婦人科	48	女	選択されているケース
11	二宮宏美	埼玉	166	45	耳鼻科	31	女	選択されていないケース
12	松本健三	東京	174	79	内科	43	男	選択されているケース
13	山崎均	千葉	170	76	外科	38	男	選択されているケース
14	高橋しげみ	東京	143	51	外科	27	女	選択されているケース
15	黒田和夫	埼玉	151	47	耳鼻科	26	男	選択されているケース
16	田中四郎	東京	188	66	精神科	35	男	選択されているケース
17	根岸美子	千葉	147	45	産婦人科	47	女	選択されているケース
18	谷川浩之	東京	181	77	内科	42	男	選択されているケース
19	長谷川道夫	神奈川	168	90	産婦人科	39	男	選択されているケース
20	鈴木哲也	神奈川	175	81	外科	52	男	選択されているケース
21	中沢ゆかり	埼玉	158	50	内科	44	女	選択されていないケース
22	小川久美子	千葉	156	48	精神科	37	女	選択されていないケース
23	神谷洋五	東京	176	73	外科	48	男	選択されているケース
24	佐藤英樹	埼玉	161	63	精神科	31	男	選択されているケース
25	石井豊子	千葉	165	49	内科	29	女	選択されていないケース
26								

> ⌗ は 分析から 除かれます

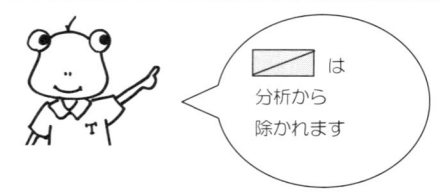

Section 2.4 欠損値があるときは!?

たとえば，次のようにセルの中が空[____]になっている場合があります．
このとき，空のセル[____]を欠損値といいます．

	名前	出身地	身長	体重	所属	年齢	性別	var
1	浅井耕一	東京	178	88	外科	29	男	
2	石川友二郎	埼玉	167	65	内科	35	男	
3	大島敏夫	神奈川		74	内科	41	男	
4	大津幸子	東京	155	45	内科	36	女	
5	桂雅之	東京	184	67	産婦人科	43	男	
6	河野恵子	千葉	149	55	耳鼻科	36	女	
7	斉藤みどり	東京	162	49	耳鼻科	31	女	
8	清水貴子	千葉	147	62	内科	33	女	
9	高倉洋子	神奈川	153	58	外科	29	女	
10	戸田英子	神奈川	164	63	産婦人科	48	女	

このようなときは，欠損値の置き換え(V) をしてみましょう．

手順 1 変換(T) のメニューの中から，欠損値の置き換え(V) を選択．

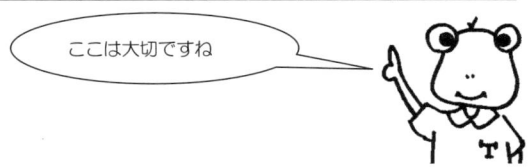

> ここは大切ですね

手順② 次の画面が現れます．身長を選択して，▶をクリック．

手順③ すると，新しい変数(N) のワクの中が，次のようになりました．
方法(M) が系列平均となっていますね．これは，つまり，
欠損値のところへ系列平均を代入しようとしているのですが……

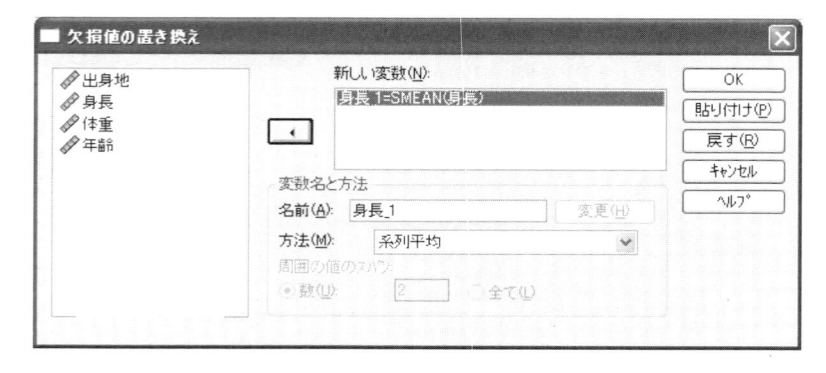

手順[4]　　方法(M) のワクの右の ▼ をクリックしてみると，系列平均の他にも
いろいろと用意されています．

ここでは，周囲平均値を選択してみましょう．

いろいろな欠損値の置き換えがあります

手順[5]　そして， 変更(H) をクリックしたら，
あとは OK ボタンをマウスでカチッ！

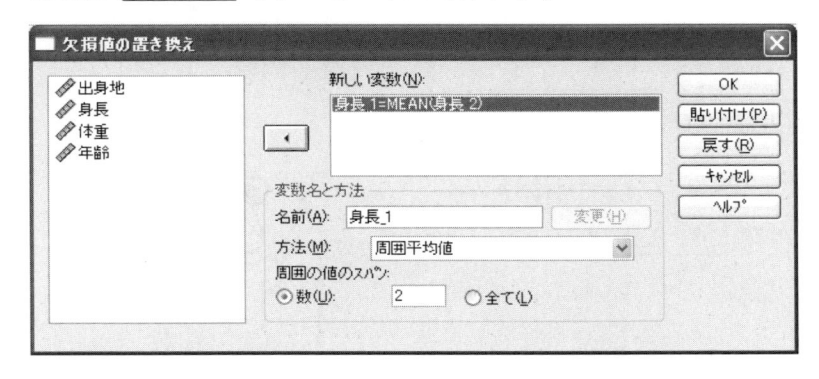

【SPSSによる出力】

データビューに新しい変数 **身長_1** が用意されて，欠損値のところに 171.0 が入りました．

	名前	出身地	身長	体重	所属	年齢	性別	身長1	
1	浅井耕一	東京	178	88	外科	29	男	178.0	
2	石川友二郎	埼玉	167	65	内科	35	男	167.0	スパン2の
3	大島敏夫	神奈川		74	内科	41	男	171.0	周囲値
4	大津幸子	東京	155	45	内科	36	女	155.0	
5	桂雅之	東京	184	67	産婦人科	43	男	184.0	
6	河野恵子	千葉	149	55	耳鼻科	36	女	149.0	
7	斉藤みどり	東京	162	49	耳鼻科	31	女	162.0	
8	清水貴子	千葉	147	62	内科	33	女	147.0	
9	高倉洋子	神奈川	153	58	外科	29	女	153.0	
10	戸田英子	神奈川	164	63	産婦人科	48	女	164.0	
11	二宮宏美	埼玉	166	45	耳鼻科	31	女	166.0	
12	松本健三	東京	174	79	内科	43	男	174.0	
13	山崎均	千葉	170	76	外科	38	男	170.0	
14	高橋しげみ	東京	143	51	外科	27	女	143.0	
15	黒田和夫	埼玉	151	47	耳鼻科	26	男	151.0	
16	田中四郎	東京	188	66	精神科	35	男	188.0	
17	根岸美子	千葉	147	45	産婦人科	47	女	147.0	
18	谷川浩之	東京	181	77	内科	42	男	181.0	
19	長谷川道夫	神奈川	168	90	産婦人科	39	男	168.0	
20	鈴木哲也	神奈川	175	81	外科	52	男	175.0	
21	中沢ゆかり	埼玉	158	50	内科	44	女	158.0	
22	小川久美子	千葉	156	48	精神科	37	女	156.0	
23	神谷洋五	東京	176	73	外科	48	男	176.0	
24	佐藤英樹	埼玉	161	63	精神科	31	男	161.0	
25	石井豊子	千葉	165	49	内科	29	女	165.0	
26									

スパン2の周囲平均値って

$$171.0 = \frac{\overbrace{178 + 167}^{スパン2} + \boxed{} + \overbrace{155 + 184}^{スパン2}}{4}$$

のことよ!!

Section 2.5 データよ，大きさの順に並びなさい！

データを大きさの順に並べ替えたいときは，ケースの並べ替え(O) をしましょう．

手順 [1]　データ(D) のメニューの中から，ケースの並べ替え(O) を選択．

手順 [2]　身長を小さい人から大きい人へ並べ替えたいときは，左のワクの中の身長をクリックして，▶をクリック．次のように 昇順(A) を選択して，あとは OK ボタンをマウスでカチッ！

【SPSSによる出力】

データビューを見ると，身長の順にケースが並び替わりましたね！

	名前	出身地	身長	体重	所属	年齢	性別
1	高橋しげみ	東京	143	51	外科	27	女
2	清水貴子	千葉	147	62	内科	33	女
3	根岸美子	千葉	147	45	産婦人科	47	女
4	河野恵子	千葉	149	55	耳鼻科	36	女
5	黒田和夫	埼玉	151	47	耳鼻科	26	男
6	高倉洋子	神奈川	153	58	外科	29	女
7	大津幸子	東京	155	45	内科	36	女
8	小川久美子	千葉	156	48	精神科	37	女
9	大島敏夫	神奈川	158	74	内科	41	男
10	中沢ゆかり	埼玉	158	50	内科	44	女
11	佐藤英樹	埼玉	161	63	精神科	31	男
12	斉藤みどり	東京	162	49	耳鼻科	31	女
13	戸田英子	神奈川	164	63	産婦人科	48	女
14	石井豊子	千葉	165	49	内科	29	女
15	二宮宏美	埼玉	166	45	耳鼻科	31	女
16	石川友二郎	埼玉	167	65	内科	35	男
17	長谷川道夫	神奈川	168	90	産婦人科	39	男
18	山崎均	千葉	170	76	外科	38	男
19	松本健三	東京	174	79	内科	43	男
20	鈴木哲也	神奈川	175	81	外科	52	男
21	神谷洋五	東京	176	73	外科	48	男
22	浅井耕一	東京	178	88	外科	29	男
23	谷川浩之	東京	181	77	内科	42	男
24	桂雅之	東京	184	67	産婦人科	43	男
25	田中四郎	東京	188	66	精神科	35	男
26							

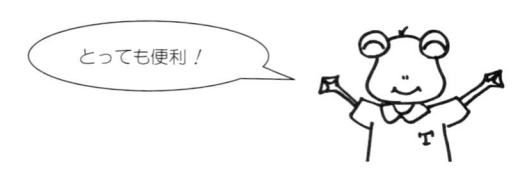

とっても便利！

Section 2.6 データの重み付けって,何?

次のデータは,アメリカの大学生を対象におこなった出身地と婚前性交渉に関するアンケート調査の結果です.

このようにデータの個数が与えられているときは,ケースの重み付け(W)を利用しましょう.

表2.1 出身地と婚前性交渉

質問 出身地	婚前性交渉に賛成	どちらとも言えない	婚前性交渉に反対
東 部	82人	121人	36人
南 部	201人	373人	149人
西 部	169人	142人	28人

Zahn, D. A. & van Belle, G.(1970)

『SPSSによる統計処理の手順』p.178に詳しい説明があります

データビューの変数には次のように 出身地 , 質問 , 人数 を入力しておきます.

	出身地	質問	人数	var	var	var
1	東部	賛成				
2	東部	未定				
3	東部	反対				
4	南部	賛成				
5	南部	未定				
6	南部	反対				
7	西部	賛成				
8	西部	未定				
9	西部	反対				
10						

手順① データ(D) のメニューから，ケースの重み付け(W) を選択しましょう．

手順② 次の画面になったら，ケースの重み付け(W) をクリック．

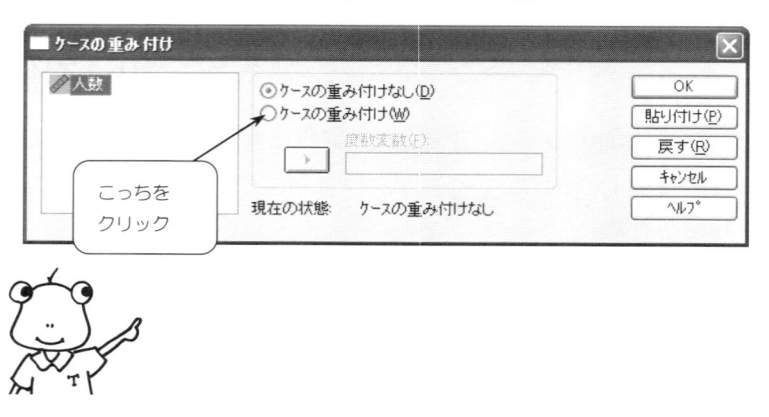

こっちを
クリック

46　　2章　データの変換？　条件？

手順③　人数を青色に変えてから▶をクリックすると，次のように
　　　　度数変数(F) の下のワクに人数が移動します．
　　　　あとは　OK　ボタンをマウスでカチッ！

【SPSSによる出力】

次のように画面右下に 重み付き が現れたら，うまくいった証拠です．

ここに現れるよ！

Section 2.6　データの重み付けって，何？　　47

あとは，上から順に，データを 82, 121, 36, ……と入力すればできあがり‼

	出身地	質問	人数	var	var	var
1	東部	賛成	82			
2	東部	未定	121			
3	東部	反対	36			
4	南部	賛成				
5	南部	未定				
6	南部	反対				
7	西部	賛成				
8	西部	未定				
9	西部	反対				
10						

データを入力してから，
"ケースの重み付け"を
することもできます

演習2

次のデータは死刑，拳銃支持，体罰，安楽死に対するアメリカ人の意識調査の結果です．

問 2.1 就学年数を，次のように新しい変数=就学1に変換してください．

$$就学年数 \longmapsto 就学1 = \frac{就学年数 - 14}{2}$$

問 2.2 死刑に対して，値の再割り当てを利用し

$$1 \longmapsto 賛成， \quad 2 \longmapsto 反対$$

に書き換えてください．変数名は死刑1としましょう．

問 2.3 体罰が4で，安楽死が2と反応した人を選択してください．

問 2.4 年齢の若い人から順に並べ替えてください．

表 2.2 アメリカ人の意識調査

No.	年齢	就学年数	性別	人種	死刑	拳銃支持	体罰	安楽死
1	60	14	女性	黒人	2	1	2	2
2	46	16	女性	黒人	2	1	2	1
3	43	16	男性	白人	1	1	1	1
4	77	15	女性	白人	2	1	4	1
5	47	18	女性	白人	1	1	2	2
6	27	9	女性	黒人	1	1	2	1
7	54	12	女性	白人	2	1	1	2
8	44	12	女性	白人	1	1	2	1
9	76	10	女性	白人	1	1	1	1
10	54	12	女性	白人	1	1	2	1
11	65	13	男性	白人	1	1	4	2
12	71	14	女性	白人	1	1	3	1
13	49	8	女性	白人	2	1	1	2
14	41	15	男性	黒人	1	1	4	2

No.	年齢	就学年数	性別	人種	死刑	拳銃支持	体罰	安楽死
15	33	16	男性	白人	1	1	3	1
16	62	14	男性	白人	1	2	2	1
17	19	11	男性	白人	2	1	3	1
18	19	11	女性	白人	1	1	2	1
19	58	14	女性	白人	1	1	1	2
20	44	12	女性	黒人	2	1	2	1
21	36	16	男性	白人	1	1	3	1
22	19	8	女性	黒人	1	2	2	1
23	52	12	男性	黒人	1	1	1	1
24	49	16	男性	白人	1	1	3	2
25	66	10	男性	白人	1	1	3	1
26	34	15	男性	黒人	1	1	4	2
27	63	12	女性	黒人	2	1	1	2
28	28	19	女性	白人	2	1	4	1
29	72	12	男性	白人	2	2	2	2
30	48	12	女性	白人	1	1	2	1
31	77	12	女性	白人	2	1	4	1
32	26	12	女性	黒人	1	1	2	1
33	39	16	女性	白人	2	1	4	1
34	29	18	男性	黒人	1	2	2	1
35	28	13	女性	黒人	1	1	2	1
36	50	14	男性	白人	1	2	2	1
37	66	12	女性	黒人	2	1	1	2
38	72	12	女性	白人	1	1	1	1
39	28	10	女性	白人	2	1	3	1
40	82	10	女性	黒人	1	1	1	2

アンケートの内容は右のようになってま〜す！

★死刑 ………… 1．賛成　　　　2．反対

★拳銃支持 …… 1．賛成　　　　2．反対

★体罰 ………… 1．絶対支持する　2．支持する
　　　　　　　　3．支持しない　　4．絶対支持しない

★安楽死 ……… 1．賛成　　　　2．反対

解答

答2.1

	年齢	就学年数	性別	人種	死刑支持	拳銃支持	体罰	安楽死	就学1
1	60	14	女性	黒人	2	1	2	2	.00
2	46	16	女性	黒人	2	1	2	1	1.00
3	43	16	男性	白人	1	1	1	1	1.00
4	77	15	女性	白人	2	1	4	1	.50
5	47	18	女性	白人	1	1	2	2	2.00
6	27	9	女性	黒人	1	1	2	1	-2.50
7	54	12	女性	白人	2	1	1	2	-1.00
8	44	12	女性	白人	1	1	2	1	-1.00
9	76	10	女性	白人	1	1	1	1	-2.00
10	54	12	女性	白人	1	1	2	1	-1.00
11	65	13	男性	白人	1	1	4	2	-.50
~	71			白人				3	
		12	女性						-1.00
38	28	10	女性	白人	2	1	3	1	-2.00
39	82	10	女性	黒人	1	1	1	2	-2.00
40									

答2.2

	年齢	就学年数	性別	人種	死刑支持	拳銃支持	体罰	安楽死	死刑1
1	60	14	女性	黒人	2	1	2	2	反対
2	46	16	女性	黒人	2	1	2	1	反対
3	43	16	男性	白人	1	1	1	1	賛成
4	77	15	女性	白人	2	1	4	1	反対
5	47	18	女性	白人	1	1	2	2	賛成
6	27	9	女性	黒人	1	1	2	1	賛成
7	54	12	女性	白人	2	1	1	2	反対
8	44	12	女性	白人	1	1	2	1	賛成
9	76	10	女性	白人	1	1	1	1	賛成
10	54	12	女性	白人	1	1	2	1	賛成
11	65	13	男性	白人	1	1	4	2	賛成
~	71			白人				3	
		12	女性						賛成
38	28	10	女性	白人	2	1	3	1	反対
39	82	10	女性	黒人	1	1	1	2	賛成
40									

> この場合はp.33手順4の画面で 文字型変数への出力(B)に チェックをする必要があります．

演習2

答 2.3

	年齢	就学年数	性別	人種	死刑支持	拳銃支持	体罰	安楽死	filter_$
1	60	14	女性	黒人	2	1	2	2	選択されていないケース
2	46	16	女性	黒人	2	1	2	1	選択されていないケース
3	43	16	男性	白人	1	1	1	1	選択されていないケース
4	77	15	女性	白人	2	1	4	1	選択されていないケース
5	47	18	女性	白人	1	1	2	2	選択されていないケース
6	27	9	女性	黒人	1	1	2	1	選択されていないケース
7	54	12	女性	白人	2	1	1	2	選択されていないケース
8	44	12	女性	白人	1	1	2	1	選択されていないケース
9	76	10	女性	白人	1	1	1	1	選択されていないケース
10	54	12	女性	白人	1	1	2	1	選択されていないケース
11	65	13	男性	白人	1	1	4	2	選択されているケース
12	71	14	女性	白人	1	1	3	1	選択されていないケース
13	49	8	女性	白人	2	1	1	2	選択されていないケース
14	41		男性	黒人	1	1	4		選択されているケース
...									
37		12	女性		1	1		1	選択されて...
38	28	10	女性	白人	2	1	3	1	選択されていないケース
39	82	10	女性	黒人	1	1	1	2	選択されていないケース
40									

答 2.4

	年齢	就学年数	性別	人種	死刑支持	拳銃支持	体罰	安楽死	var
1	19	11	男性	白人	2	1	3	1	
2	19	11	女性	白人	1	1	2	1	
3	19	8	女性	黒人	1	2	2	1	
4	26	12	女性	黒人	1	1	2	1	
5	27	9	女性	黒人	1	1	2	1	
6	28	19	女性	白人	2	1	4	1	
7	28	13	女性	黒人	1	1	2	1	
8	28	10	女性	白人	2	1	3	1	
9	29	18	男性	黒人	1	2	2	1	
10	33	16	男性	白人	1	1	3	1	
11	34	15	男性	黒人	1	1	4	2	
12	36	16	男性	白人	1	1	3	1	
...	39						4		
37	77	15	女性	白人	2	1		1	
38	77	12	女性	白人	2	1	4	1	
39	82	10	女性	黒人	1	1	1	2	
40									

3章 いろいろなグラフを描きましょう

SPSSの グラフ(G) を利用すると，いろいろなグラフを描くことができます．

それぞれのグラフをながめてみると……

棒グラフ

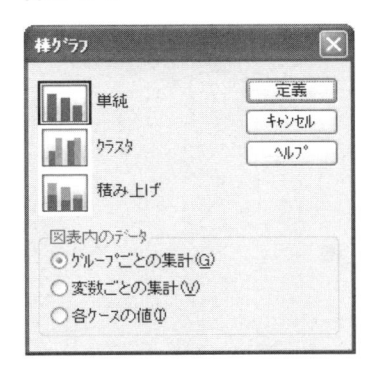

棒グラフは
とても有名ですね

折れ線グラフ

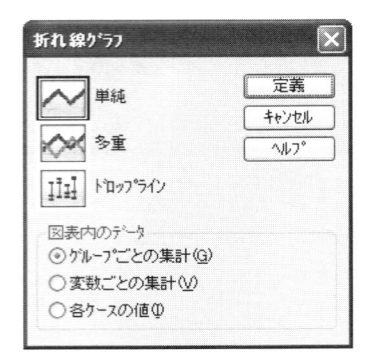

円グラフ

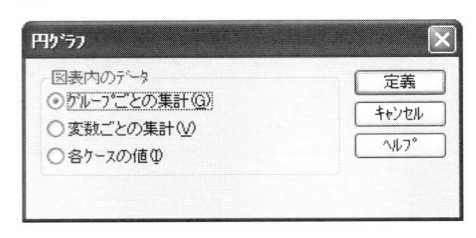

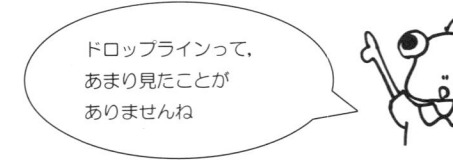

ドロップラインって，あまり見たことがありませんね

ハイローグラフ

ハイは高，ローは低のことです

箱ひげ図

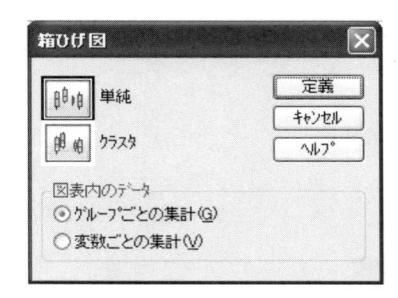

エラーバー

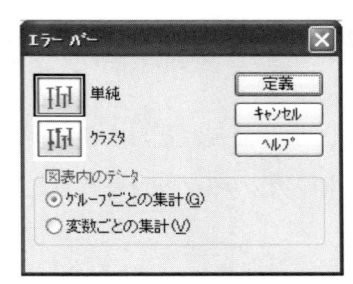

箱にヒゲが付いているので……

エラーって標準誤差のことかしら？

散布図/ドット

散布図は相関係数と密接な関係があります

Section 3.1　グラフ作りのテクニック・その1

次のデータは，1章で入力した"例題1"のファイルです．
このデータを使って，棒グラフを作ってみましょう．

表3.1　医師の履歴書

	名前	出身地	身長	体重	所属	年齢	性別	var
1	浅井耕一	東京	178	88	外科	29	男	
2	石川友二郎	埼玉	167	65	内科	35	男	
3	大島敏夫	神奈川	158	74	内科	41	男	
4	大津幸子	東京	155	45	内科	36	女	
5	桂雅之	東京	184	67	産婦人科	43	男	
6	河野恵子	千葉	149	55	耳鼻科	36	女	
7	斉藤みどり	東京	162	49	耳鼻科	31	女	
8	清水貴子	千葉	147	62	内科	33	女	
9	高倉洋子	神奈川	153	58	外科	29	女	
10	戸田英子	神奈川	164	63	産婦人科	48	女	
11	二宮宏美	埼玉	166	45	耳鼻科	31	女	
12	松本健三	東京	174	79	内科	43	男	
13	山崎均	千葉	170	76	外科	38	男	
14	高橋しげみ	東京	143	51		27	女	
		東京		73	外科			
24	佐藤英樹	埼玉	161	63	精神科	31	男	
25	石井豊子	千葉	165	49	内科	29	女	
26								

所属 の棒グラフは，どのようになるのでしょうか？

手順①　グラフ(G) のメニューの中から レガシーダイアログ(L) を選び，
サブメニューから 棒(B) を選択します．

	名前	出身地	身長	体重	診療科	年齢	性別
1	浅井耕一	東京	178	88	外科	9	男
2	石川友二郎	埼玉	167	65	内科	5	男
3	大島敏夫	神奈川	158	74	内科		男
4	大津幸子	東京	155	45	内科		女
5	桂雅之	東京	184	67	産婦人科	3	男
6	河野恵子	千葉	149	55	耳鼻科		女
7	斉藤みどり	東京	162	49	耳鼻科		女
8	清水貴子	千葉	147	62	内科	33	女
9	高倉洋子	神奈川	153	58	外科	29	女
10	戸田英子	神奈川	164	63	産婦人科	48	女
11	二宮宏美	埼玉	166	45	耳鼻科	31	女

手順②　次の画面になったら，図表内のデータ から，グループごとの集計(G) を
選びます．そして，定義 をクリック．

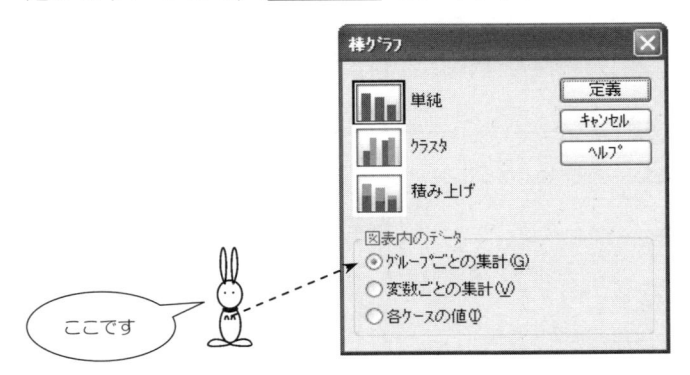

ここです

手順③　所属を カテゴリ軸(X) へ ▶ で移動しておきます．

棒の表現内容 を見ると，いろいろな場合がありますね．

そこで，ケースの数(N) のところに印⊙がついていることを確認して，

OK ／　すると……

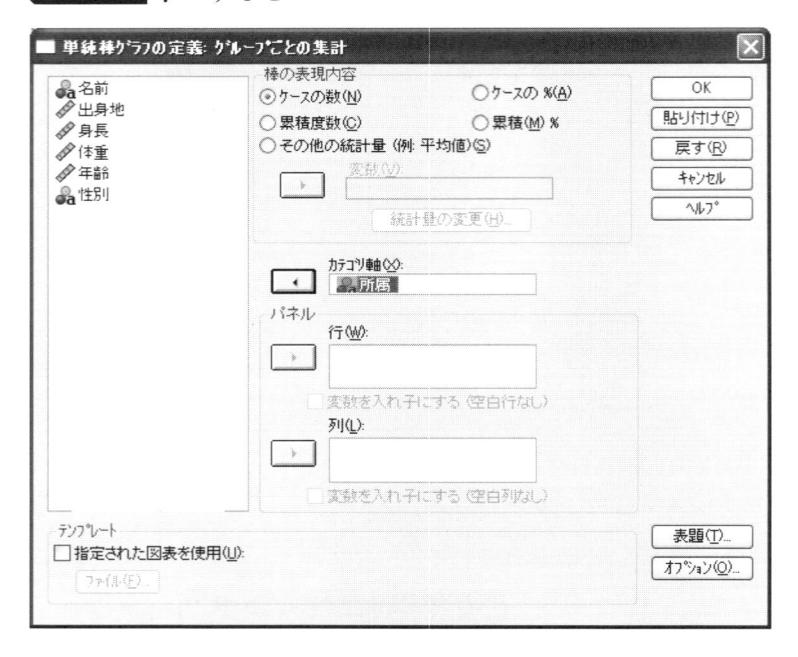

> 変数ビューの測定のところで
>
> 名義　………　🎱
> 順序　………　📊
> スケール　……　📏
>
> となります

配置	測定
右	名義
左	順序
左	スケール
	スケール
	順序
	名義

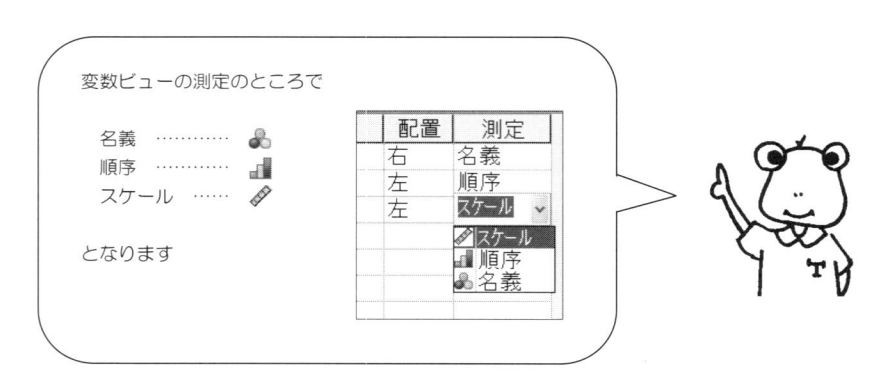

【SPSSによる出力】

次のような棒グラフができました．

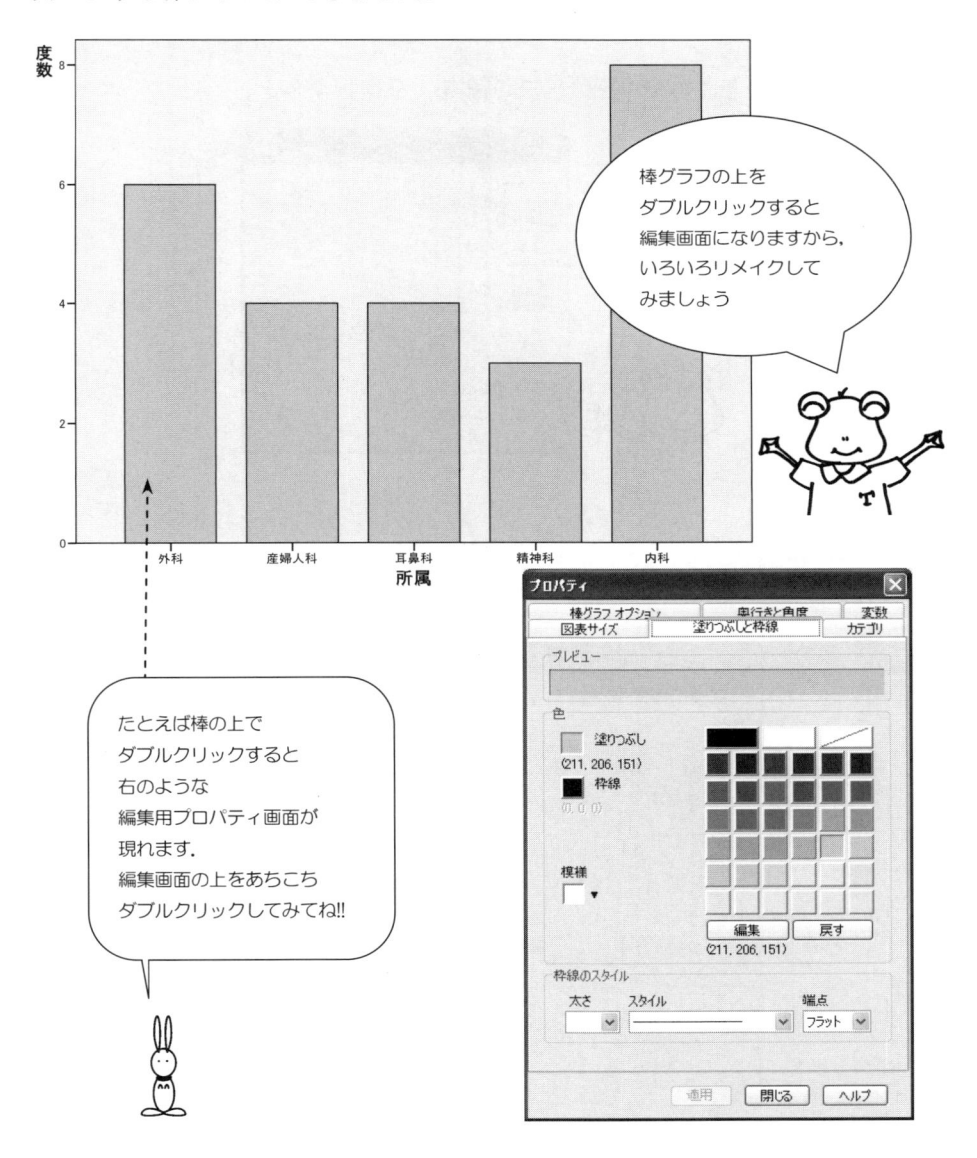

棒グラフの上を
ダブルクリックすると
編集画面になりますから，
いろいろリメイクして
みましょう

たとえば棒の上で
ダブルクリックすると
右のような
編集用プロパティ画面が
現れます．
編集画面の上をあちこち
ダブルクリックしてみてね!!

Section 3.1　グラフ作りのテクニック・その1

Section 3.2　グラフ作りのテクニック・その2

ところで，棒グラフのところで 各ケースの値(I) を選択すると，どうなるのでしょうか？

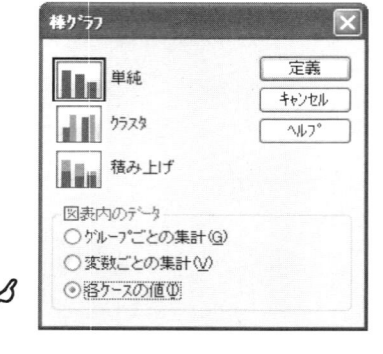

まちがった手順 1

ここで， 定義 をクリックすると，次の画面になります．
ところが……

まちがった手順 2

　性別のような文字型変数は，棒の表現内容 (B) へ移動することができません．
でも，身長や体重のような数値型変数は，棒の表現内容 (B) へ移動できます．
　そこで，　OK　 をクリックすると……

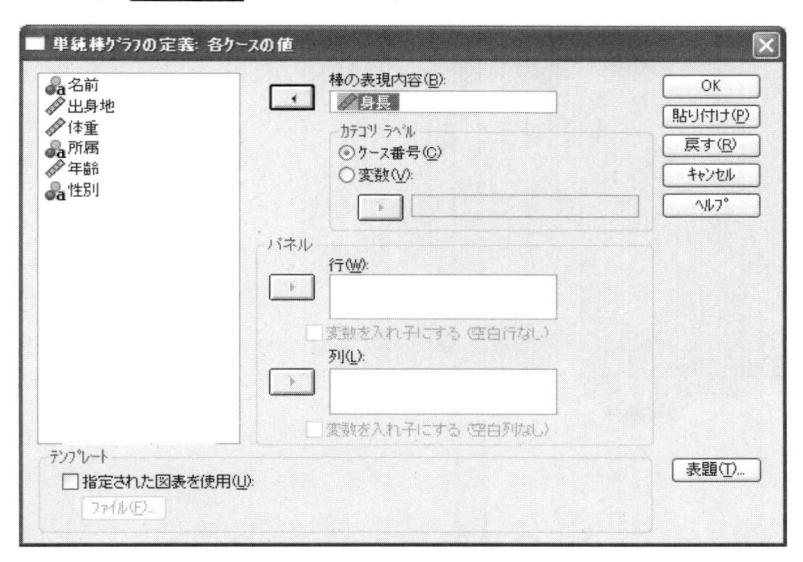

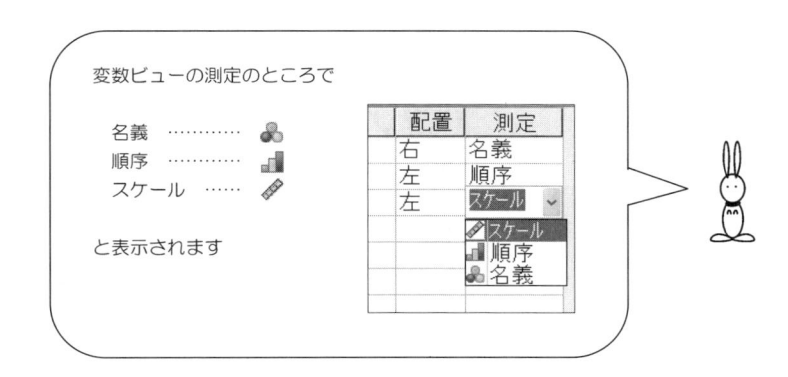

変数ビューの測定のところで

名義　………　🎱
順序　………　📊
スケール　……　📏

と表示されます

配置	測定
右	名義
左	順序
左	スケール
	スケール
	順序
	名義

Section 3.2　グラフ作りのテクニック・その2

【SPSSによる出力】

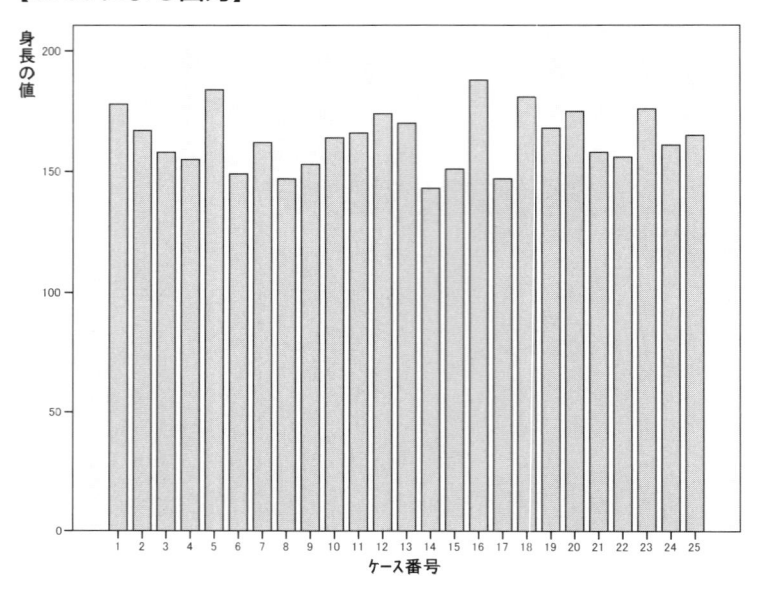

（グラフ：横軸「ケース番号」1〜25、縦軸「身長の値」）

（吹き出し：これは失敗でーす！）

　ヘンな棒グラフができましたね．この棒は，お医者さんの身長そのものです．つまり，このデータの場合，**各ケースの値(I)** とすると失敗です!!

次のデータは，関東地方の医療関係従事者数です．

表 3.2　医療関係従事者数

県＼変量	医師	看護師
茨城	3057人	11576人
栃木	2792人	9131人
群馬	2869人	10140人
埼玉	5873人	20964人
千葉	5685人	19731人
東京	25492人	57280人
神奈川	10663人	30372人

手順 1　次のようにSPSSのデータファイルに入力します．

	県名	医師	看護師	var
1	茨城	3057	11576	
2	栃木	2792	9131	
3	群馬	2869	10140	
4	埼玉	5873	20964	
5	千葉	5685	19731	
6	東京	25492	57280	
7	神奈川	10663	30372	
8				
9				

手順[2]　このデータの場合には 棒(B) ⇨ 各ケースの値(I) ⇨ 定義
を選択して，次のように入力．
あとは OK ボタンをマウスでカチッ！

【SPSS による出力】

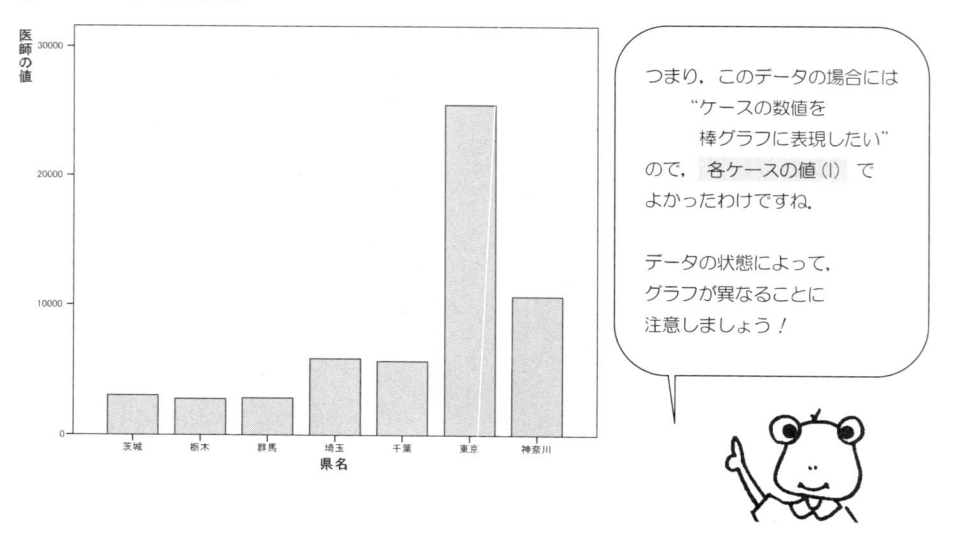

つまり，このデータの場合には
　　"ケースの数値を
　　　棒グラフに表現したい"
ので，各ケースの値(I) で
よかったわけですね．

データの状態によって，
グラフが異なることに
注意しましょう！

Section 3.3　箱ひげ図？　エラーバー？

例題1のデータを使って，箱ひげ図とエラーバーを作ってみましょう．

		名前	出身地	身長	体重	所属	年齢	性別	var
	1	浅井耕一	東京	178	88	外科	29	男	
	2	石川友二郎	埼玉	167	65	内科	35	男	
	3	大島敏夫	神奈川	158	74	内科	41	男	
	4	大津幸子	東京	155	45	内科	36	女	
	5	桂雅之	東京	184	67	産婦人科	43	男	
	6	河野恵子	千葉	149	55	耳鼻科	36	女	
	7	斉藤みどり	東京	162	49	耳鼻科	31	女	
	8	清水貴子	千葉	147	62	内科	33	女	
	9	高倉洋子		153			29	女	
						外科			
	24	佐藤央樹	埼玉	161	63	精神科	31	男	
	25	石井豊子	千葉	165	49	内科	29	女	
	26								

◆その1　箱ひげ図の作成

手順 1　グラフ(G) のメニューから，レガシーダイアログ(L) を選び，サブメニューから，箱ひげ図(X) を選択します．

手順② グループごとの集計(G)に印が付いていることを確認して，
　　　 定義 をクリック．

手順③ たとえば，2つの変数，身長と所属を次のように右へ移動してみましょう．
　　　 あとは OK ボタンをマウスでカチッ！

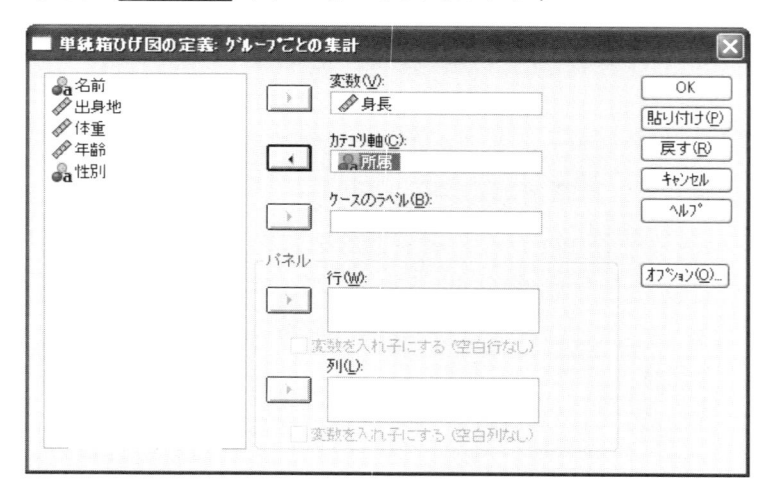

【SPSSによる出力】

すると…… たしかに，箱にヒゲが付いていますネ．
これが箱ひげ図です!!

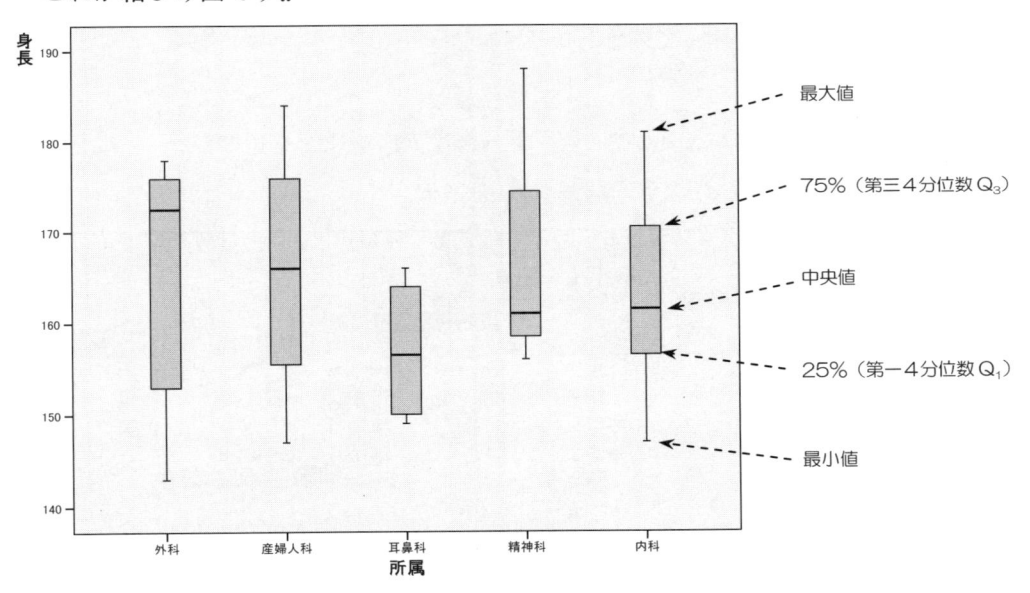

箱ひげ図（身長を所属別に）：
- 最大値
- 75%（第三4分位数 Q_3）
- 中央値
- 25%（第一4分位数 Q_1）
- 最小値

いろいろな種類の
箱ひげ図があります．
詳しくは
『すぐわかる統計用語』
p.185 を参照してください

Section 3.3　箱ひげ図？　エラーバー？

◆その2　エラーバーの作成

エラーバーって，どんなグラフなんでしょうか？
ともかく，エラーバーを作ってみましょう．

手順 1　グラフ(G) のメニューから レガシーダイアログ(L) を選び，
サブメニューから，エラーバー(O) を選択．

手順 2　グループごとの集計(G) に印が付いていることを確認したら，
定義 をクリック．

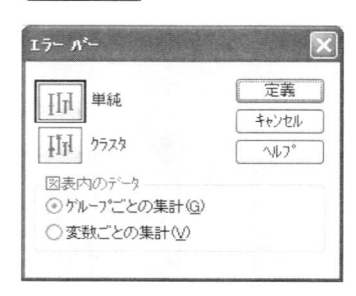

手順 3　たとえば，次のように身長と所属を右へ移動してみましょう．
あとは　OK　ボタンをマウスでカチッ！

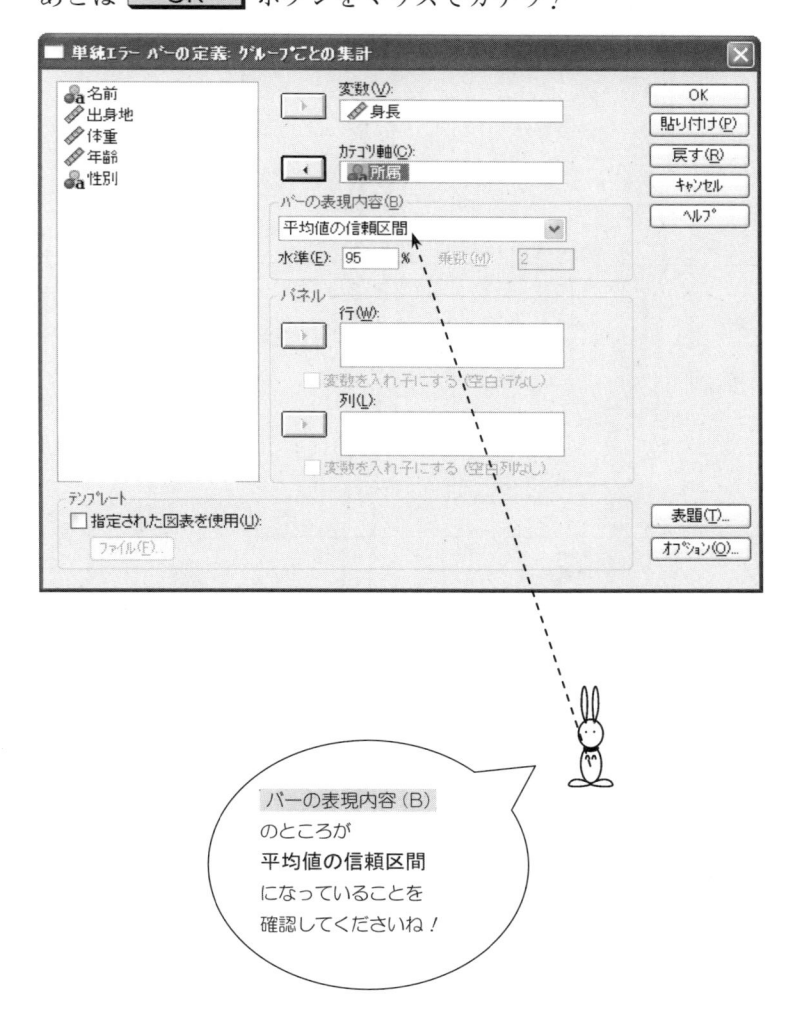

バーの表現内容（B）のところが **平均値の信頼区間** になっていることを確認してくださいね！

Section 3.3　箱ひげ図？　エラーバー？

【SPSSによる出力】

すると…… 次のようにエラーバーができました．

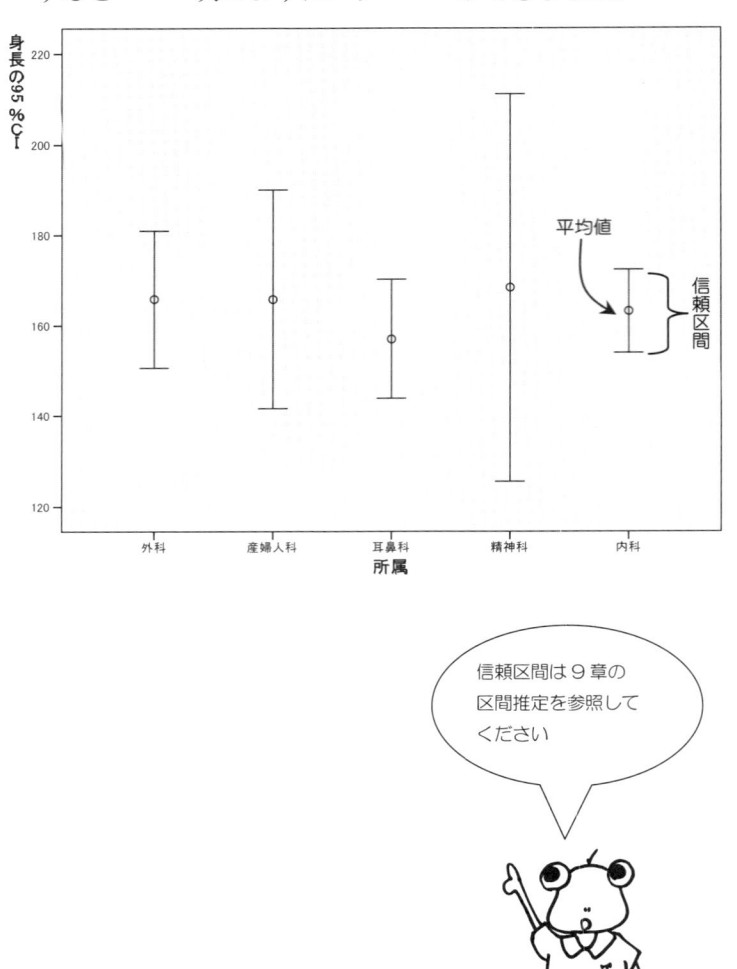

(図：各所属（外科，産婦人科，耳鼻科，精神科，内科）の身長の95% CI エラーバー。平均値と信頼区間が示されている．)

> 信頼区間は9章の区間推定を参照してください

箱ひげ図に似ていますが，このエラーバーは各科のお医者さんたちの平均身長を信頼係数95％の信頼区間で，グラフ表現したものです．

Section 3.4　図表ビルダーでグラフを描くときは？

手順 ① 　グラフ(G) の中に

　　　　　図表ビルダー(C)

　　　　　インタラクティブ(A)

　　　　　レガシーダイアログ(L)

　　の3つのメニューがあります．

　　そこで 図表ビルダー(C) を使って，棒グラフを描いてみましょう．

	名前	出身地	身長	体重	所属	年齢	性別	var
1	浅井耕一	東京	178	68	外科	29	男	
2	石川友二郎	埼玉	167	65	内科	35	男	
3	大島敏夫	神奈川	158	74	内科	41	男	
4	大津幸子	東京	155	45	内科	36	女	
5	桂雅之	東京	184	67	産婦人科	43	男	
6	河野恵子	千葉	149	55	耳鼻科	36	女	
7	斉藤みどり	東京	162	49	耳鼻科	31	女	
8	清水貴子	千葉	147	62	内科	33	女	
9	高倉洋子	神奈川	153	58	外科	29	女	
10	戸田英子	神奈川	164	63	産婦人科	48	女	
11	二宮宏美	埼玉	166	45	耳鼻科	31	女	
12	松本健三	東京	174	79	内科	43	男	
13	山崎均	千葉	170	76	外科	38	男	
14	高橋しげみ	東京	143	51	外科	27	女	
15	黒田和夫	埼玉	151	47	耳鼻科	26	男	

手順 2 ギャラリ をクリックすると，画面下に 棒グラフ が入っています．

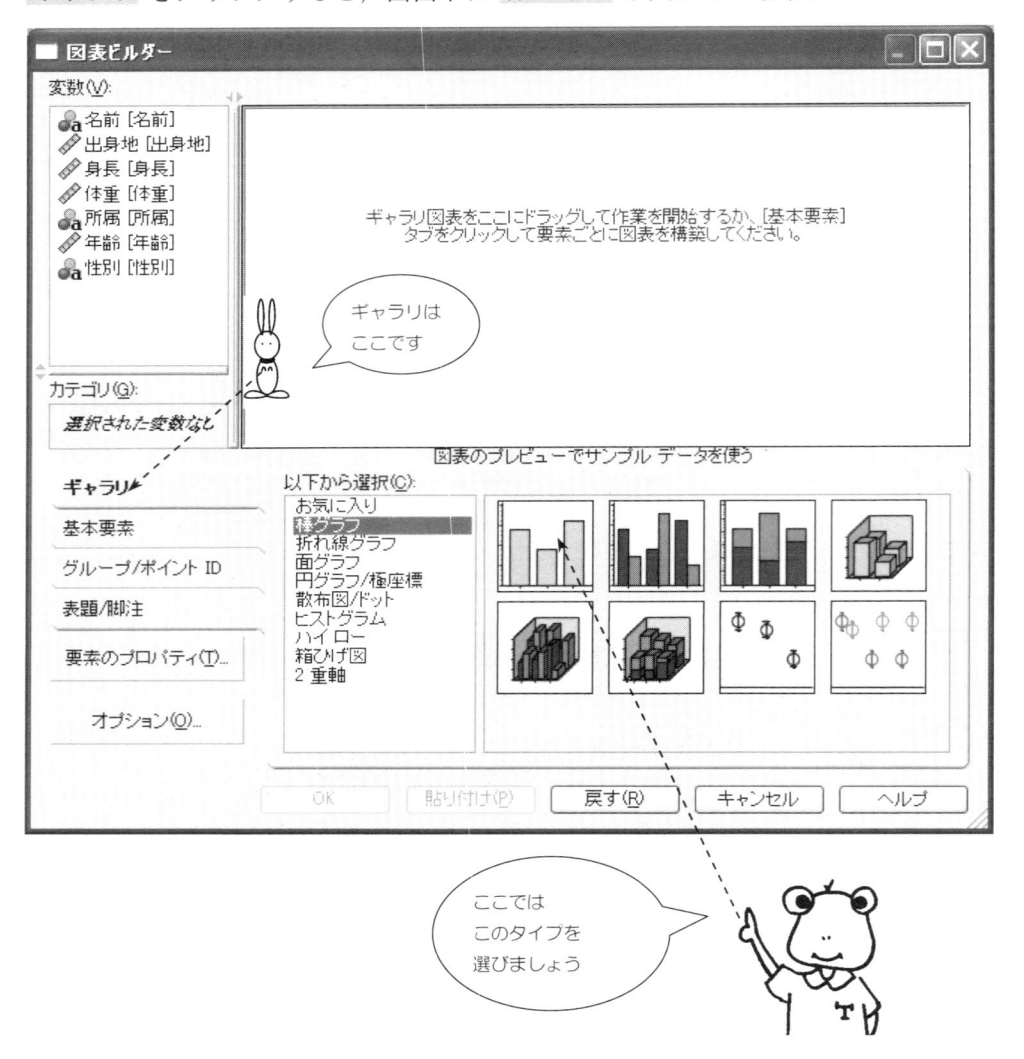

■ 図表ビルダー

変数(V):
- 名前 [名前]
- 出身地 [出身地]
- 身長 [身長]
- 体重 [体重]
- 所属 [所属]
- 年齢 [年齢]
- 性別 [性別]

カテゴリ(G):
選択された変数なし

ギャラリ
基本要素
グループ/ポイント ID
表題/脚注
要素のプロパティ(T)...
オプション(O)...

ギャラリ図表をここにドラッグして作業を開始するか，[基本要素]
タブをクリックして要素ごとに図表を構築してください．

ギャラリは
ここです

図表のプレビューでサンプル データを使う

以下から選択(C):
- お気に入り
- 棒グラフ
- 折れ線グラフ
- 面グラフ
- 円グラフ/極座標
- 散布図/ドット
- ヒストグラム
- ハイ ロー
- 箱ひげ図
- 2 重軸

OK 貼り付け(P) 戻す(R) キャンセル ヘルプ

ここでは
このタイプを
選びましょう

手順3 変数(V) の中から所属を次のように横軸に移動して，あとは OK ボタンをマウスでカチッ！

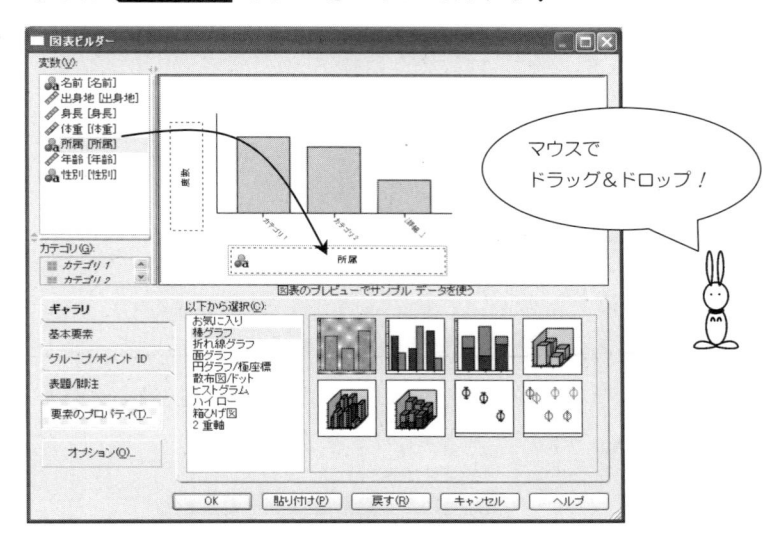

マウスでドラッグ＆ドロップ！

【SPSSによる出力】

Gグラフ

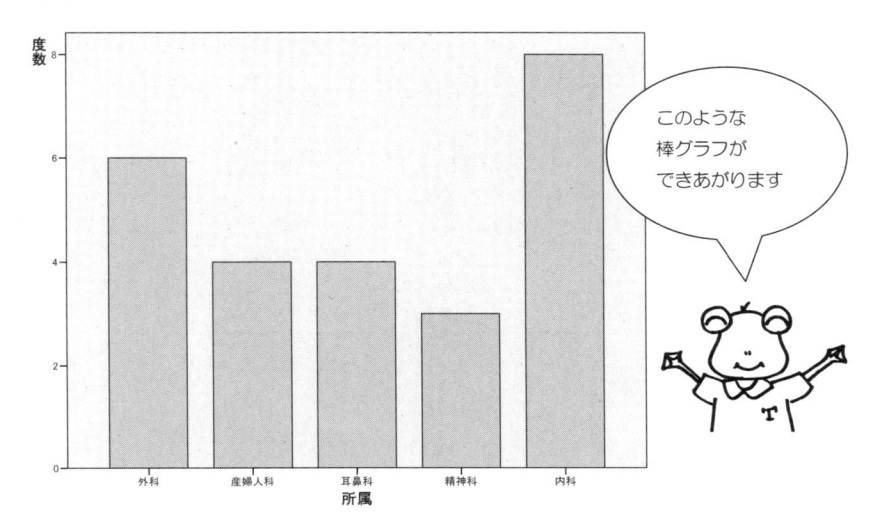

このような棒グラフができあがります

Section 3.4 図表ビルダーでグラフを描くときは？

Section 3.5　インタラクティブでグラフを描くときは？

手順 ①　グラフ(G) の中に

　　　　図表ビルダー(C)

　　　　インタラクティブ(A)

　　　　レガシーダイアログ(L)

の 3 つのメニューがあります．

そこで インタラクティブ(A) を使って，棒グラフを描いてみましょう．

インタラクティブ(A) のサブメニューから，棒(B) をクリックすると……

手順② 棒グラフの作成画面は，次のようになっています．

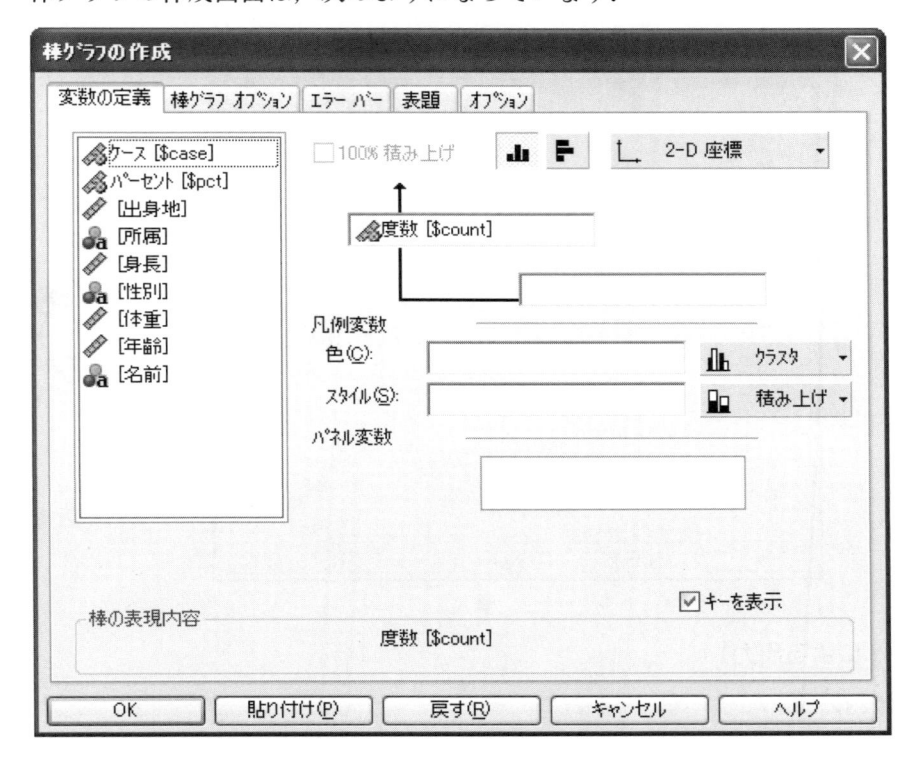

Section 3.5　インタラクティブでグラフを描くときは？

手順③　所属を次のように横軸に移動したら，
あとは　OK　ボタンをマウスでカチッ！

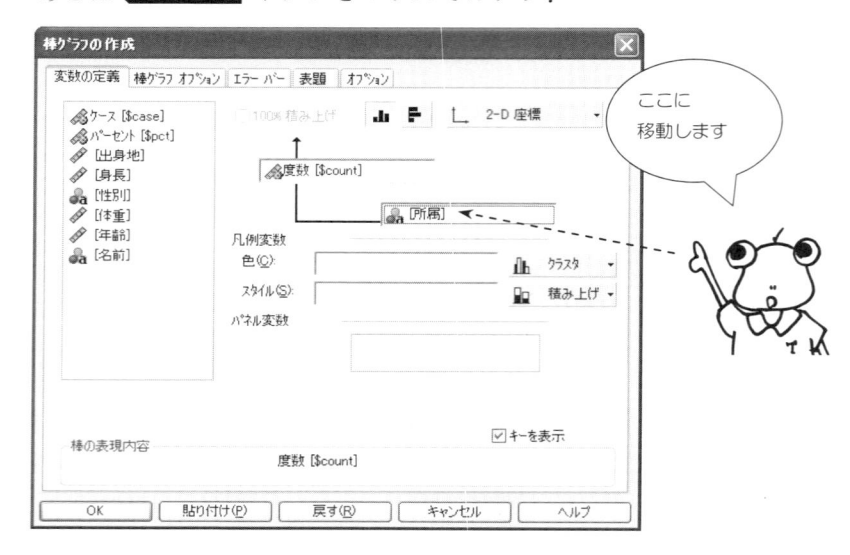

ここに移動します

【SPSSによる出力】

インタラクティブ グラフ

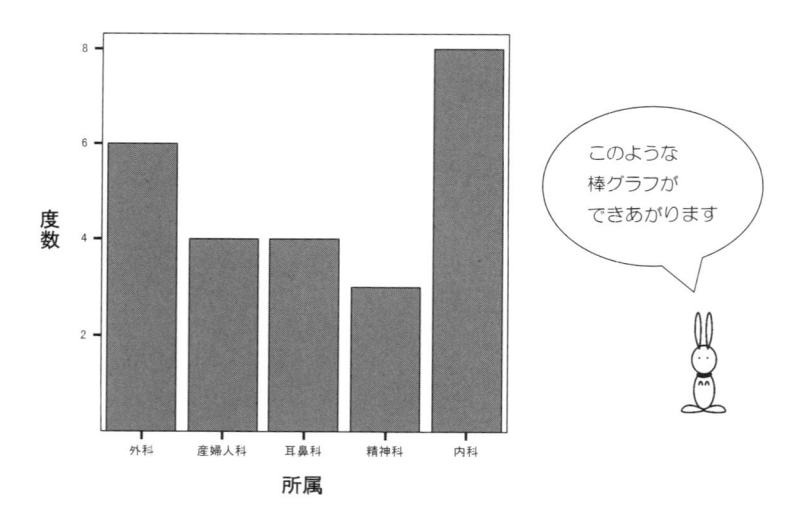

このような棒グラフができあがります

度数

所属

演習3

問 3.1 次のデータは，日本の農業人口についての調査結果です．

農業人口の棒グラフを作ってください．

表3.3 農業人口と年齢別農業人口（万人）

	農業総人口	～29歳	30歳～59歳	60歳～
1970年	2659	1221	994	444
1975年	2320	981	893	446
1980年	2137	831	853	453
1985年	1984	704	802	478
1990年	1730	567	670	493

←『グラフ統計のはなし』p.6

問 3.2 次のデータは，歯学部学生と薬学部学生の親の職業について調査したものです．

歯学部学生の親の職業の円グラフを作ってください．

表3.4 歯学部と薬学部学生の親の職業別割合

親の職業＼変量	歯学部学生	薬学部学生
医師・歯科医師	391	42
公務員	57	115
会社員	47	249
会社役員	105	40
自家営業	163	190
その他	49	68
合計（人）	812	704

←『グラフ統計のはなし』p.18

（注）問3.1と問3.2では "各ケースの値" をクリックしてください

問 3.3 次のデータは，1995年1月から2005年12月までの住宅建設数の調査結果です．住宅件数の変化を，折れ線グラフで表現してください．

表 3.5 月別住宅建設数

年	月	住宅件数	年	月	住宅件数	年	月	住宅件数
1995	1	52	1998	1	45	2001	1	55
	2	47		2	55		2	58
	3	82		3	79		3	92
	4	101		4	98		4	116
	5	98		5	87		5	116
	6	97		6	81		6	117
	7	96		7	86		7	108
	8	89		8	83		8	112
	9	81		9	80		9	102
	10	86		10	86		10	103
	11	72		11	65		11	93
	12	61		12	54		12	80
1996	1	47	1999	1	51	2002	1	76
	2	50		2	48		2	76
	3	83		3	72		3	111
	4	94		4	85		4	120
	5	85		5	91		5	135
	6	80		6	83		6	132
	7	69		7	74		7	119
	8	69		8	69		8	131
	9	59		9	72		9	120
	10	54		10	68		10	117
	11	50		11	55		11	97
	12	38		12	43		12	73
1997	1	40	2000	1	33	2003	1	77
	2	40		2	41		2	74
	3	67		3	62		3	105
	4	80		4	74		4	120
	5	87		5	75		5	132
	6	88		6	83		6	115
	7	82		7	75		7	115
	8	84		8	77		8	107
	9	78		9	76		9	85
	10	82		10	79		10	86
	11	69		11	67		11	70
	12	47		12	69		12	47

年	月	住宅件数
2004	1	43
	2	58
	3	77
	4	102
	5	96
	6	99
	7	91
	8	80
	9	73
	10	69
	11	58
	12	41

年	月	住宅件数
2005	1	40
	2	40
	3	62
	4	78
	5	93
	6	90
	7	93
	8	91
	9	85
	10	94
	11	72
	12	56

◇解 答◇

答 3.1

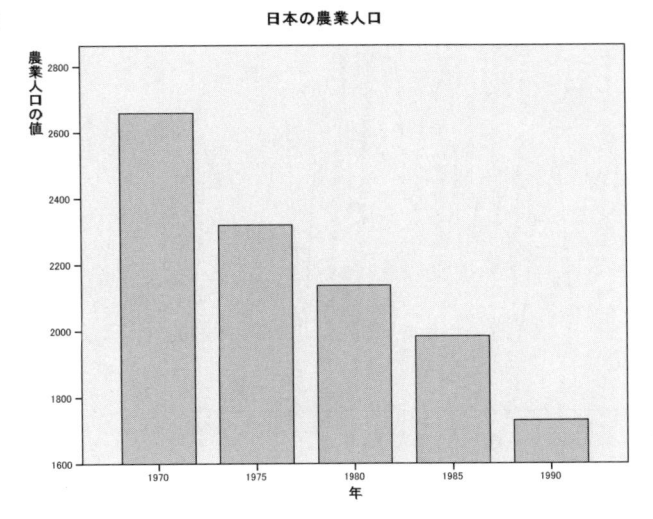

日本の農業人口

答 3.2

学生の親の職業

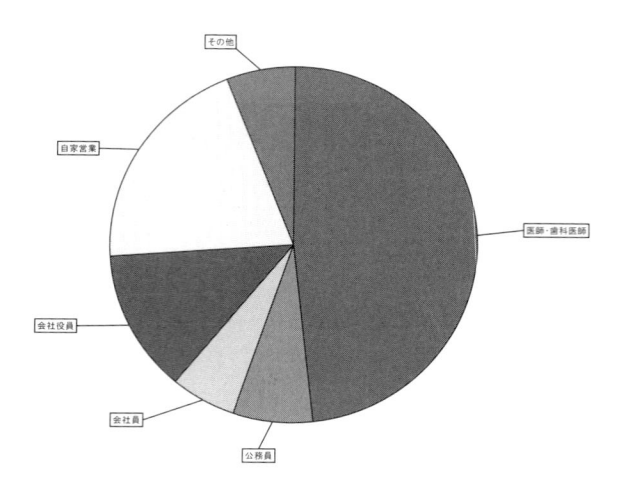

答 3.3

月別住宅建設数

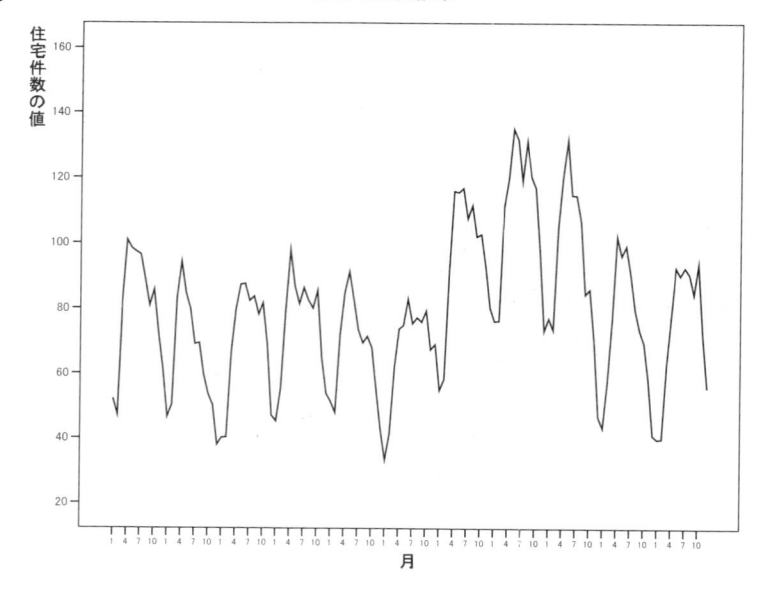

4章 度数分布表とヒストグラムを作りましょう

次のデータは，女子大生80人に対しておこなったアンケート調査の結果です．

表4.1　アンケート調査の結果です

No.	身長	体重	タンパク質	炭水化物	カルシウム	男性の身長
1	151	48	62	269	494	175
2	154	44	48	196	473	176
3	160	48	48	191	361	178
4	160	52	89	230	838	180
5	163	58	52	203	268	172
6	156	58	77	279	615	175
7	158	62	58	247	573	172
8	156	52	49	196	346	170
9	154	45	57	351	607	170
10	160	55	63	207	494	180
11	154	54	55	184	319	170
12	162	47	72	213	545	175
13	156	43	54	249	471	180
14	162	53	73	209	726	180
15	157	54	44	181	249	175
16	162	64	55	183	647	175
17	162	47	50	168	372	178
18	169	61	36	189	196	185

結婚相手に望む身長だって！

No.	身長	体重	タンパク質	炭水化物	カルシウム	男性の身長
19	150	38	54	240	449	178
20	162	48	49	182	363	178
21	154	47	46	207	356	180
22	152	58	71	226	568	170
23	161	46	57	199	522	175
24	160	47	47	201	403	172
25	160	45	51	235	487	170
26	153	40	53	243	421	170
27	155	40	49	194	375	171
28	163	55	47	189	286	170
29	160	62	39	203	401	176
30	159	50	39	157	373	175
31	164	50	50	178	388	177
32	158	46	46	223	337	176
33	150	45	43	239	349	178
34	155	49	32	120	324	178
35	157	53	52	220	349	170
36	161	57	71	245	596	170
37	168	60	59	198	510	175
38	162	55	49	204	345	175
39	153	47	58	209	411	175
40	154	50	43	271	271	170
41	158	53	49	230	338	180
42	151	46	48	231	416	170
43	155	50	66	252	551	175
44	155	45	33	202	276	180
45	165	50	49	204	373	185
46	165	51	55	197	354	178
47	154	48	65	292	753	178
48	148	48	47	207	404	170
49	169	55	55	220	553	185

No.	身長	体重	タンパク質	炭水化物	カルシウム	男性の身長
50	158	54	50	213	428	178
51	146	43	64	287	600	175
52	166	63	49	182	383	176
53	161	53	46	219	273	180
54	143	42	42	192	322	170
55	156	46	55	218	497	172
56	156	69	64	241	474	170
57	149	47	65	230	510	170
58	162	48	45	151	319	180
59	159	50	54	194	390	182
60	164	55	45	195	278	178
61	162	45	61	242	584	180
62	167	49	87	255	789	178
63	159	51	72	284	716	178
64	153	51	62	249	489	180
65	146	44	81	253	776	175
66	156	58	55	219	290	180
67	160	53	57	241	625	175
68	158	48	52	185	404	175
69	151	46	52	205	261	175
70	157	48	57	225	475	182
71	151	43	65	245	703	171
72	156	50	54	209	323	175
73	166	58	68	264	657	175
74	159	49	54	242	563	170
75	157	50	62	199	417	175
76	156	47	81	229	780	170
77	159	47	41	162	225	180
78	156	52	66	230	644	172
79	156	47	58	229	499	175
80	161	50	79	279	827	173

このデータの度数分布表とヒストグラムを作りましょう．

【度数分布表】

次の表のことを度数分布表といいます．

表 4.2　度数分布表（frequency table）

階級 (class)	階級値 (class mark)	度数 (frequency, count)	相対度数 (relative frequency)	累積度数 (cumulative frequency)	累積相対度数 (cumulative relative frequency)
2000〜2400	2200	3	5.00%	3	5.00%
2400〜2800	2600	13	21.67%	16	26.67%
2800〜3200	3000	16	26.67%	32	53.33%
3200〜3600	3400	15	25.00%	47	78.33%
3600〜4000	3800	7	11.67%	54	90.00%
4000〜4400	4200	4	6.67%	58	96.67%
4400〜4800	4600	2	3.33%	60	100.00%

↑ SPSSでは $4400 \leq x < 4800$
↑ $\dfrac{2800+3200}{2} = 3000$
↑ $\dfrac{16}{60} \times 100 = 26.67$
↑ $3+13+16 = 32$
↑ $\dfrac{32}{60} \times 100 = 53.33$

【ヒストグラム】

次のグラフのことをヒストグラムといいます．

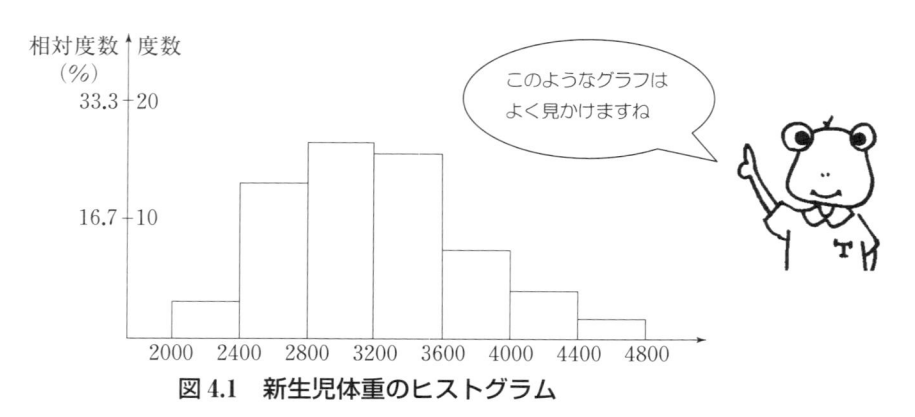

図 4.1　新生児体重のヒストグラム

このようなグラフはよく見かけますね

このヒストグラムは，どのようにして作られるのでしょうか？

SPSS を使うと，ヒストグラムをとっても簡単に作ることができます．

Section 4.1　ヒストグラムの作り方

手順 1　グラフ(G) のメニューから レガシーダイアログ(L) を選び，サブメニューから， ヒストグラム(I) を選択します．

手順 2　▶を使って，身長を 変数(V) のワクの中へ移動してください．
あとは OK ボタンをマウスでカチッ！

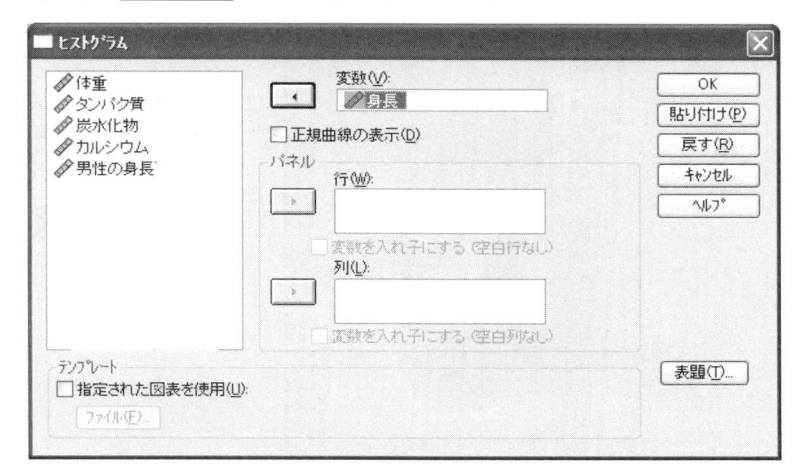

手順③ 次のような出力画面になります．そこで，ヒストグラムの上を
適当にダブルクリックしましょう．すると……

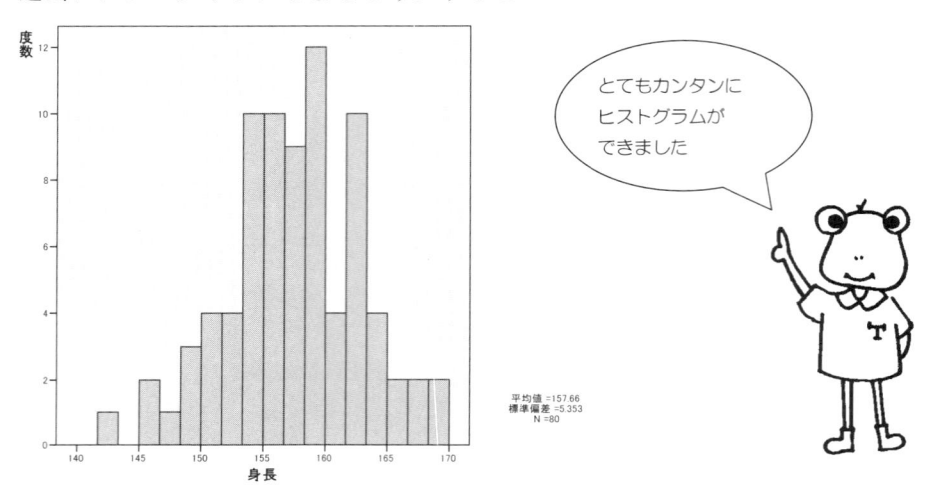

> とてもカンタンに
> ヒストグラムが
> できました

手順④ しばらくして，また同じような画面が現れます．
そこで，ヒストグラムの棒の上をダブルクリック．

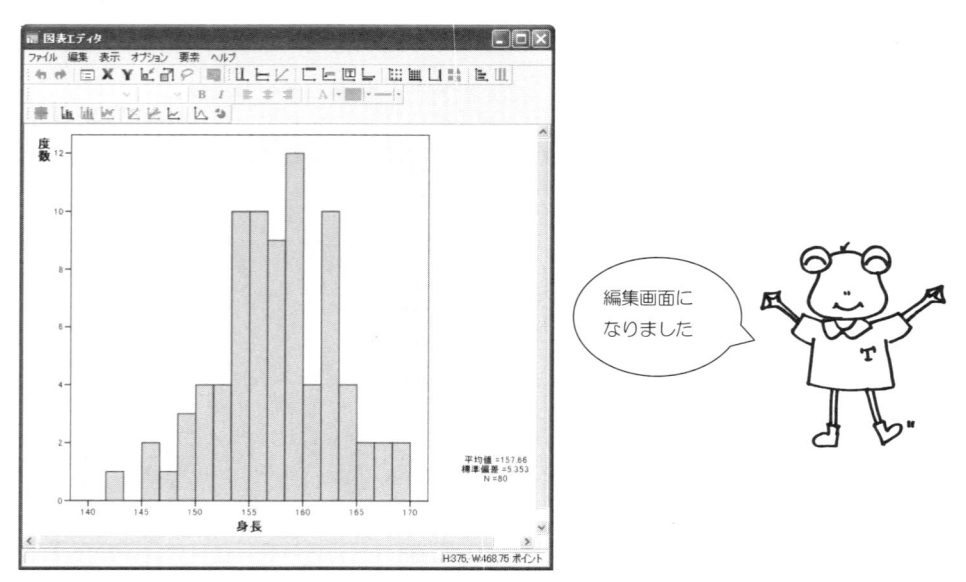

> 編集画面に
> なりました

手順⑤　プロパティの画面が現れますから，ビン のタブを開いて，ユーザー指定 を
チェック．
すると，ここで 間隔の数 や 間隔の幅 を自由に定義することができます．

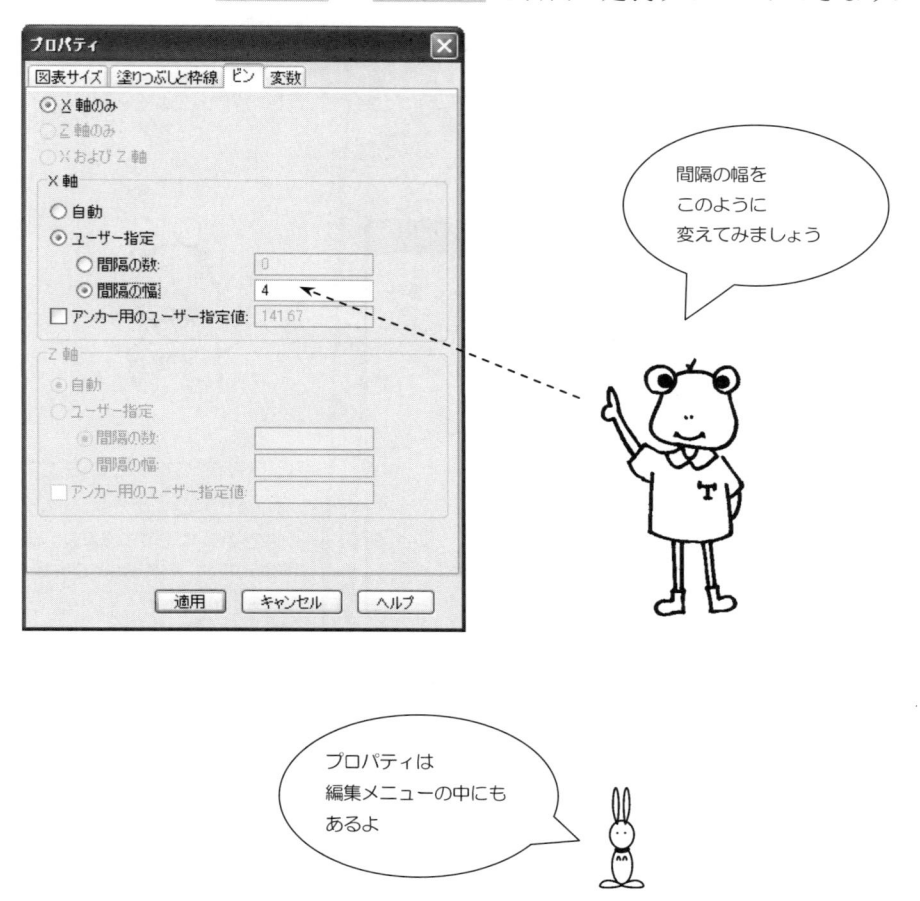

（間隔の幅を
このように
変えてみましょう）

（プロパティは
編集メニューの中にも
あるよ）

Section 4.1　ヒストグラムの作り方　87

手順⑥　次は，ヒストグラムの下の数値が並んでいるところをダブルクリックしてみましょう．

プロパティ画面が現れたら，スケール タブを開いて，値の範囲を次のように設定して 適用 ボタンをクリックしてください．

図表エディタでヒストグラムが整ったのを確認したら，プロパティ画面と図表エディタを閉じます．

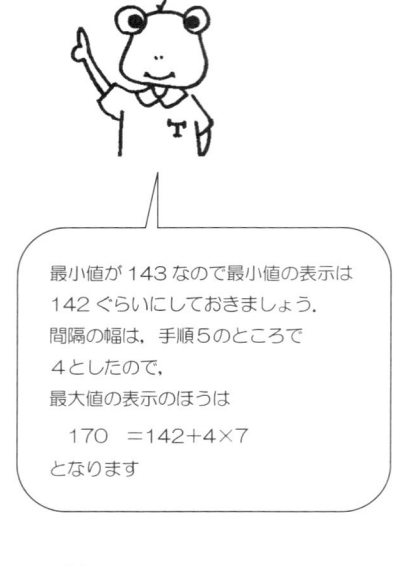

最小値が143なので最小値の表示は142ぐらいにしておきましょう．
間隔の幅は，手順5のところで4としたので，
最大値の表示のほうは
　170　=142+4×7
となります

最小値　140
最大値　170
大分割の増分　5
でもいいですね！

【SPSS による出力】

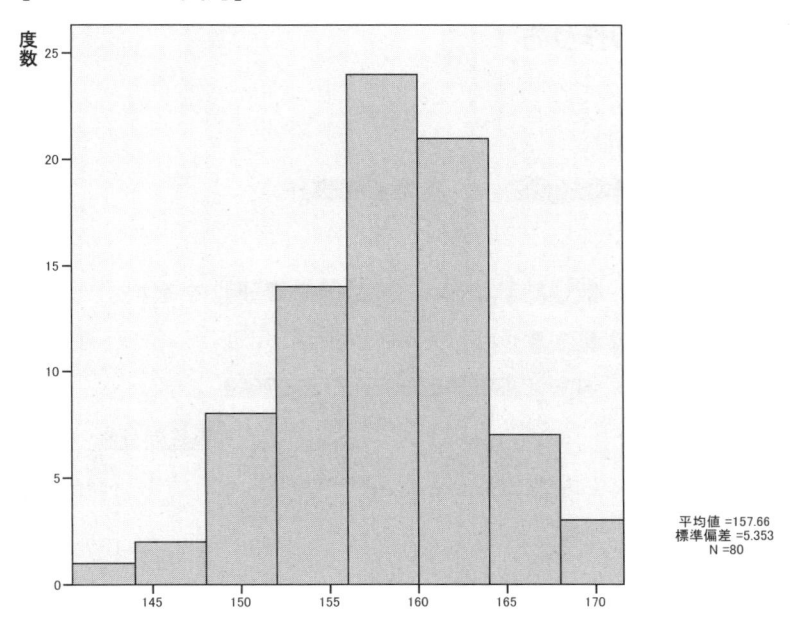

平均値 =157.66
標準偏差 =5.353
N =80

こっちの
ヒストグラムのほうが
いいですね！

Section 4.2　度数分布表の作り方

度数分布表を作るには，とりあえず

分析(A) ⇨ 記述統計(E) ⇨ 度数分布表(F)

を選択してみましょう！！

手順①　分析(A) のメニューから，記述統計(E) ⇨ 度数分布表(F) を選択．

手順②　すると，次の画面になりますから，身長を 変数(V) のワクの中へ移動してください．▶を使えば，簡単ですね！　そして，　OK　！

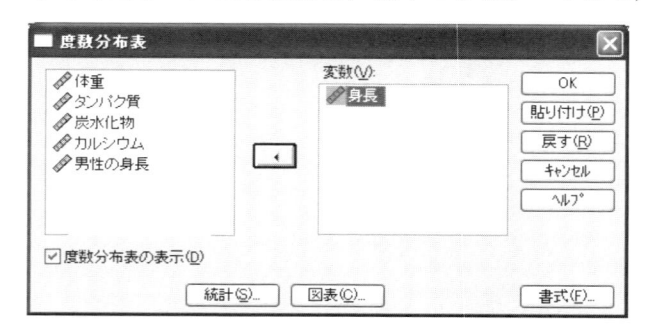

しばらくすると，コンピュータの出力は次のようになります．でも……

度数分布表

身長

		度数	パーセント	有効パーセント	累積パーセント
有効	143	1	1.3	1.3	1.3
	146	2	2.5	2.5	3.8
	148	1	1.3	1.3	5.0
	149	1	1.3	1.3	6.3
	150	2	2.5	2.5	8.8
	151	4	5.0	5.0	13.8
	152	1	1.3	1.3	15.0
	153	3	3.8	3.8	18.8
	154	6	7.5	7.5	26.3
	155	4	5.0	5.0	31.3
	156	10	12.5	12.5	43.8
	157	4	5.0	5.0	48.8
	158	5	6.3	6.3	55.0
	159	5	6.3	6.3	61.3
	160	7	8.8	8.8	70.0
	161	4	5.0	5.0	75.0
	162	8	10.0	10.0	85.0
	163	2	2.5	2.5	87.5
	164	2	2.5	2.5	90.0
	165	2	2.5	2.5	92.5
	166	2	2.5	2.5	95.0
	167	1	1.3	1.3	96.3
	168	1	1.3	1.3	97.5
	169	2	2.5	2.5	100.0
	合計	80	100.0	100.0	

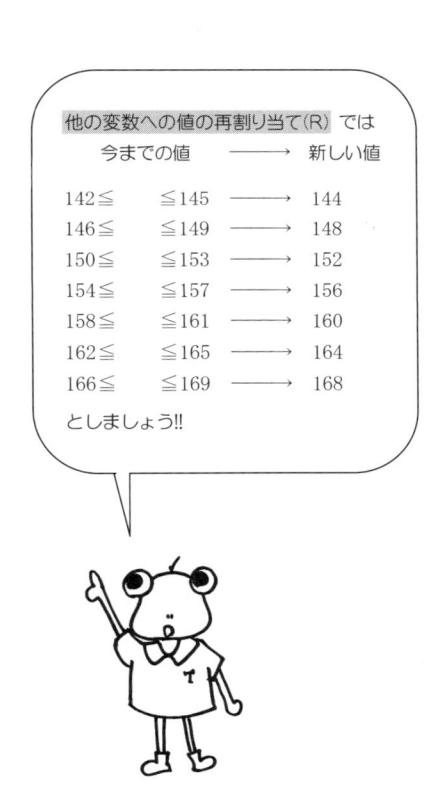

> 他の変数への値の再割り当て(R) では
>
> 今までの値 ⟶ 新しい値
>
> $142 \leq\ \leq 145 \longrightarrow 144$
> $146 \leq\ \leq 149 \longrightarrow 148$
> $150 \leq\ \leq 153 \longrightarrow 152$
> $154 \leq\ \leq 157 \longrightarrow 156$
> $158 \leq\ \leq 161 \longrightarrow 160$
> $162 \leq\ \leq 165 \longrightarrow 164$
> $166 \leq\ \leq 169 \longrightarrow 168$
>
> としましょう!!

この度数分布表では満足できません．そこで，他の変数への値の再割り当て(R) を利用して，この度数分布表をメイクアップしてみましょう．

Section 4.3 度数分布表のメイクアップ!?

手順① 変換(T) のメニューから，他の変数への値の再割り当て(R) を選択します．

手順② すると，他の変数への値の再割り当ての画面が現れます．

手順③　身長を次のように移動し，変換先変数 の 名前(N) のところに身長1と入力．

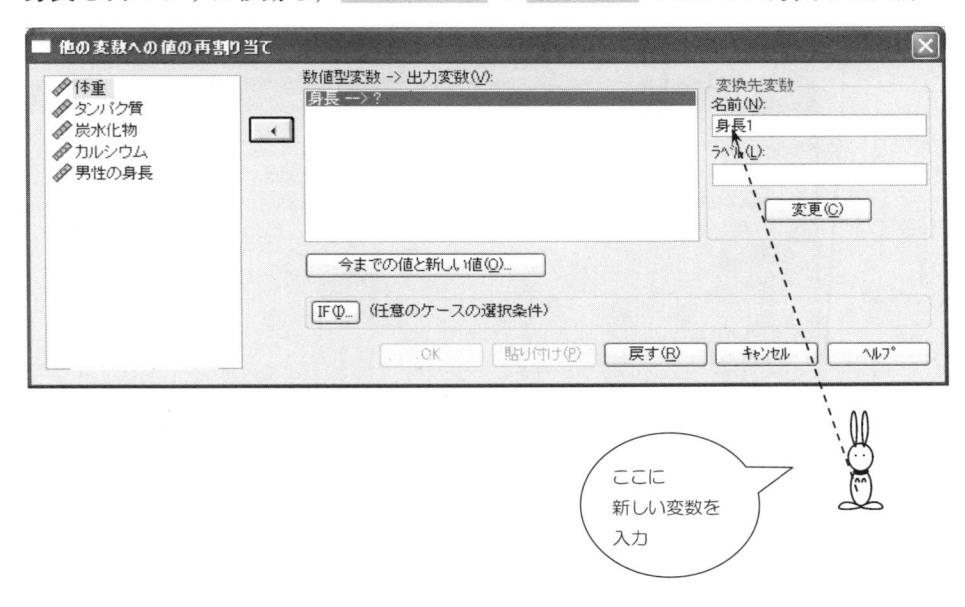

> ここに
> 新しい変数を
> 入力

手順④　そこで 変更(C) をクリックすると，身長→身長1となります．
　　　　次に 今までの値と新しい値(O) をクリック．

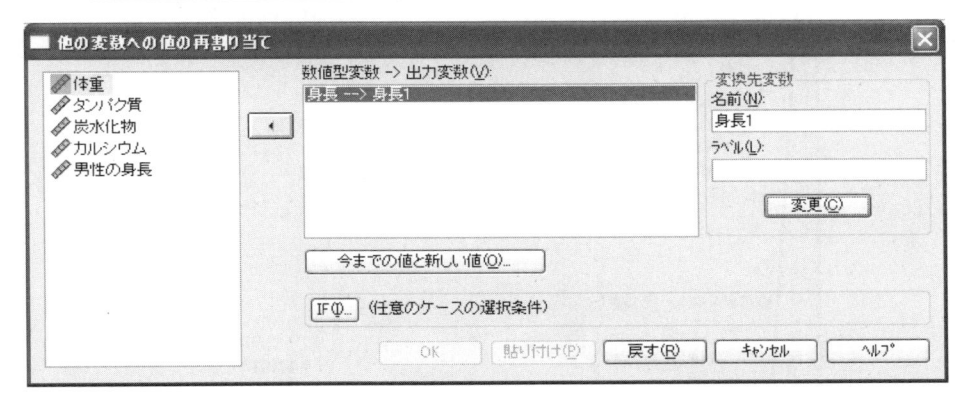

手順⑤ 次の画面が現れたら，**範囲(N)** をクリックして，3つのワク☐の中へ，次のように142，145，144と順に入力して，**追加(A)** をクリック．

手順⑥ 次は146，149，148と入力して **追加(A)** ．

これをくり返しましょう．

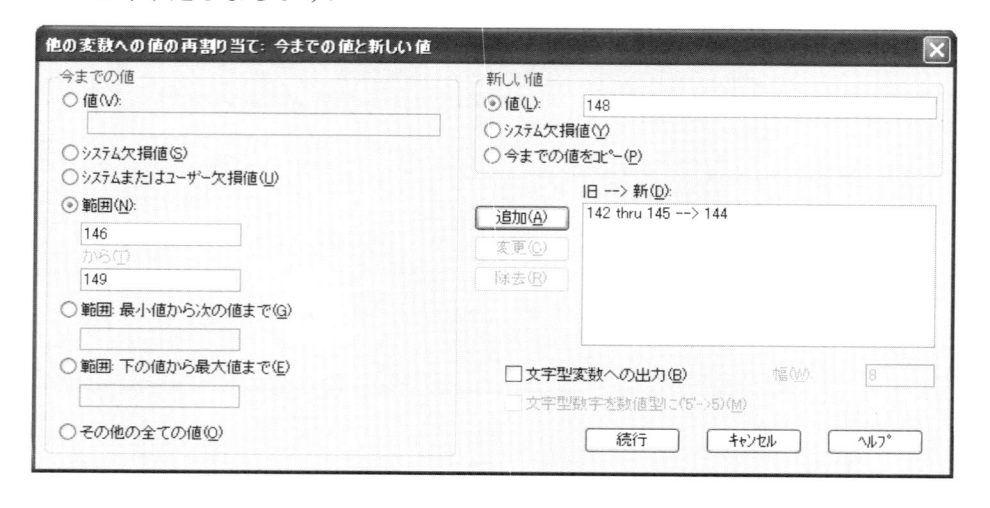

手順⑦　次のようになったら，| 続行 |．

　　　　手順②の画面に戻ったら，| OK | ボタンをマウスでカチッ！

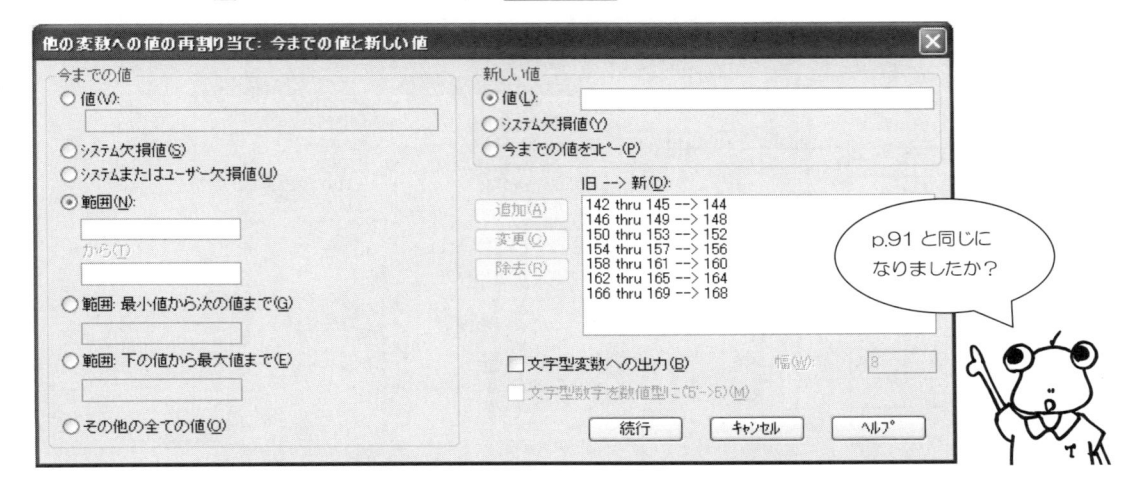

他の変数への値の再割り当て：今までの値と新しい値

今までの値
- ○ 値(V)：
- ○ システム欠損値(S)
- ○ システムまたはユーザー欠損値(U)
- ● 範囲(N)：
  - から(T)
- ○ 範囲：最小値から次の値まで(G)
- ○ 範囲：下の値から最大値まで(E)
- ○ その他の全ての値(O)

新しい値
- ● 値(L)：
- ○ システム欠損値(Y)
- ○ 今までの値をコピー(P)

旧 --> 新(D)：
```
142 thru 145 --> 144
146 thru 149 --> 148
150 thru 153 --> 152
154 thru 157 --> 156
158 thru 161 --> 160
162 thru 165 --> 164
166 thru 169 --> 168
```

□ 文字型変数への出力(B)　　幅(W): 8
□ 文字型数字を数値型に('5'->5)(M)

| 続行 | キャンセル | ヘルプ |

> p.91と同じに
> なりましたか？

手順⑧　すると，データビューは次のようになっているハズです．

	身長	体重	タンパク質	炭水化物	カルシウム	男性の身長	身長1
1	151	48	62	269	494	175	152.00
2	154	44	48	196	473	176	156.00
3	160	48	48	191	361	178	160.00
4	160	52	89	230	838	180	160.00
5	163	58	52	203	268	172	164.00
6	156	58	77	279	615	175	156.00
7	158	62	58	247	573	172	160.00
8	156		49	196		170	156.00
		52			644		156.00
79	156	47	58	229	499	175	156.00
80	161	50	79	279	827	173	160.00
81							

> ここに注目！
> 新しい変数　身長1　が
> 現れました

Section 4.3　度数分布表のメイクアップ!?

手順9 そこで，分析(A) のメニューの中から，もう一度
記述統計(E) ⇨ 度数分布表(F) を選択．

手順10 身長1を 変数(V) のワクの中へ移動します．

このとき，ヒストグラムも一緒に作ることができますから，ついでに
図表(C) の中の ⦿ ヒストグラム(H) も選択しておきましょう．

あとは，OK ボタンをマウスでカチッ！

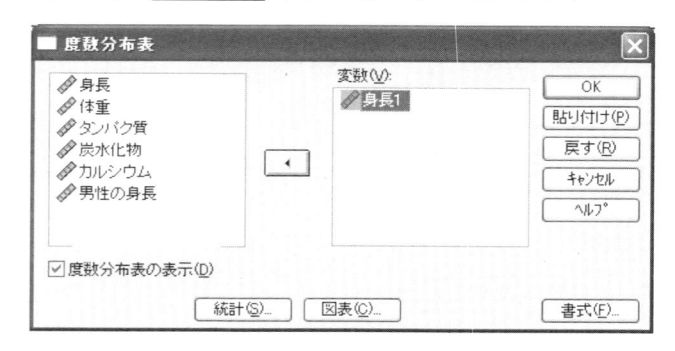

【SPSSによる出力】

しばらく待つと，次のようになります!!

度数分布表

身長1

		度数	パーセント	有効パーセント	累積パーセント
有効	144.00	1	1.3	1.3	1.3
	148.00	4	5.0	5.0	6.3
	152.00	10	12.5	12.5	18.8
	156.00	24	30.0	30.0	48.8
	160.00	21	26.3	26.3	75.0
	164.00	14	17.5	17.5	92.5
	168.00	6	7.5	7.5	100.0
	合計	80	100.0	100.0	

ヒストグラム

これが度数分布表ネッ！

平均値 =158.30
標準偏差 =5.316
N =80

Section 4.3 度数分布表のメイクアップ!?

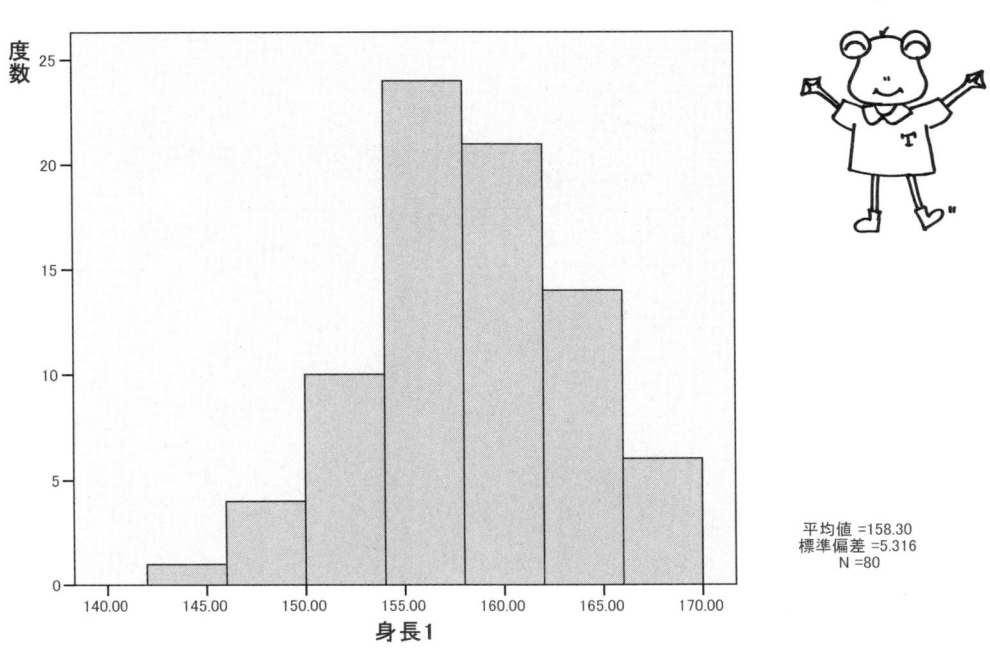

演習 4

次のデータは，58か国の女性の平均余命や男性の平均余命などの調査結果です．

問 4.1 女性余命のヒストグラムを作成してください．

問 4.2 女性余命の度数分布表を作成してください．

ヒストグラムと度数分布表の階級は，次のようにお願いします．

表 4.3

階級	度数
40歳〜49歳	
50歳〜59歳	
60歳〜69歳	
70歳〜79歳	
80歳〜89歳	

表 4.4　世界は今!!

No.	国名	女性余命	男性余命	識字率	人口増加	幼児死亡率
1	アフガニスタン	44	45	29	2.8	168.0
2	アルゼンチン	75	68	95	1.3	25.6
3	オーストラリア	80	74	100	1.4	7.3
4	オーストリア	79	73	99	0.2	6.7
5	ベルギー	79	73	99	0.2	7.2
6	ボリビア	64	59	78	2.7	75.0
7	ボスニア	78	72	86	0.7	12.7
8	ブラジル	67	57	81	1.3	66.0
9	ブルガリア	75	69	93	−0.2	12.0
10	カンボジア	52	50	35	2.9	112.0
11	カナダ	81	74	97	0.7	6.8
12	チリ	78	71	93	1.7	14.6
13	中国	69	67	78	1.1	52.0
14	コロンビア	75	69	87	2.0	28.0
15	コスタリカ	79	76	93	2.3	11.0
16	クロアチア	77	70	97	−0.1	8.7
17	キューバ	78	74	94	1.0	10.2
18	デンマーク	79	73	99	0.1	6.6
19	ドミニカ	70	66	83	1.8	51.5
20	エジプト	63	60	48	2.0	76.4
21	エストニア	76	67	99	0.5	19.0
22	エチオピア	54	51	24	3.1	110.0
23	フィンランド	80	72	100	0.3	5.3
24	フランス	82	74	99	0.5	6.7
25	ドイツ	79	73	99	0.4	6.5
26	ギリシャ	80	75	93	0.8	8.2
27	ハンガリー	76	67	99	−0.3	12.5
28	アイスランド	81	76	100	1.1	4.0
29	インド	59	58	52	1.9	79.0
30	インドネシア	65	61	77	1.6	68.0

No.	国名	女性余命	男性余命	識字率	人口増加	幼児死亡率
31	イラン	67	65	54	3.5	60.0
32	イラク	68	65	60	3.7	67.0
33	アイルランド	78	73	98	0.3	7.4
34	イスラエル	80	76	92	2.2	8.6
35	イタリア	81	74	97	0.2	7.6
36	日本	82	76	99	0.3	4.4
37	ケニア	55	51	69	3.1	74.0
38	クウェート	78	73	73	5.2	12.5
39	マレーシア	72	66	78	2.3	25.6
40	メキシコ	77	69	87	1.9	35.0
41	モロッコ	70	66	50	2.1	50.0
42	ニュージーランド	80	73	99	0.6	8.9
43	ナイジェリア	57	54	51	3.1	75.0
44	ノルウェー	81	74	99	0.4	6.3
45	パキスタン	58	57	35	2.8	101.0
46	パナマ	78	71	88	1.9	16.5
47	ペルー	67	63	85	2.0	54.0
48	フィリピン	68	63	90	1.9	51.0
49	ポルトガル	78	71	85	0.4	9.2
50	ルーマニア	75	69	96	0.1	20.3
51	ロシア	74	64	99	0.2	27.0
52	シンガポール	79	73	88	1.2	5.7
53	スペイン	81	74	95	0.3	6.9
54	スイス	82	75	99	0.7	6.2
55	タイ	72	65	93	1.4	37.0
56	トルコ	73	69	81	2.0	49.0
57	イギリス	80	74	99	0.2	7.2
58	アメリカ	79	73	97	1.0	8.1

解答

答 4.1

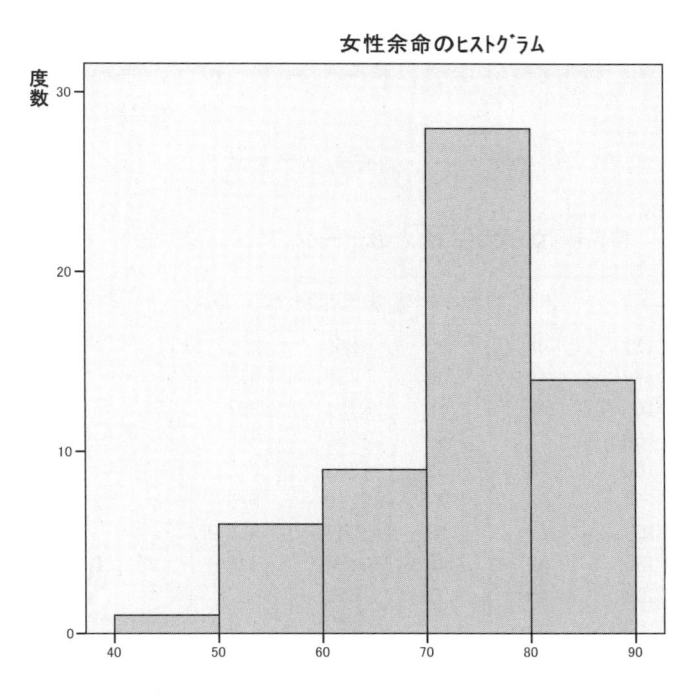

女性余命のヒストグラム

平均値 =73.28
標準偏差 =9.758
N =58

答 4.2

女性余命

		度数	パーセント	有効パーセント	累積パーセント
有効	45	1	1.7	1.7	1.7
	55	6	10.3	10.3	12.1
	65	9	15.5	15.5	27.6
	75	28	48.3	48.3	75.9
	85	14	24.1	24.1	100.0
	合計	58	100.0	100.0	

5章 基礎統計量って，平均のこと？

次のデータは，女子大生10人のアンケート調査の結果です．

表5.1 女子大生10人のデータ

No.	身長	体重	タンパク質	炭水化物	カルシウム
1	151	48	62	269	494
2	154	44	48	196	473
3	160	48	48	191	361
4	160	52	89	230	838
5	163	58	52	203	268
6	156	58	77	279	615
7	158	62	58	247	573
8	156	52	49	196	346
9	154	45	57	351	607
10	160	55	63	207	494

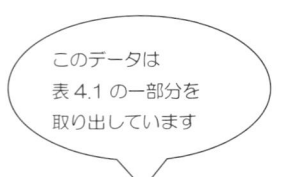

このデータは表4.1の一部分を取り出しています

SPSSのデータビューには，次のように入力しておきましょう．

	身長	体重	タンパク質	炭水化物	カルシウム	var
1	151	48	62	269	494	
2	154	44	48	196	473	
3	160	48	48	191	361	
4	160	52	89	230	838	
5	163	58	52	203	268	
6	156	58	77	279	615	
7	158	62	58	247	573	
8	156	52	49	196	346	
9	154	45	57	351	607	
10	160	55	63	207	494	
11						

Section 5.1　基礎統計量って，いったい何？

──◆その1　│　記述統計をクリックすると……──

手順[1]　**分析(A)** をクリックしてみましょう．**記述統計(E)** のサブメニューの中に **記述統計(D)** がありますね．ここをクリック．

	身長	体重							var
1	151	48							
2	154	44							
3	160	48							
4	160	52							
5	163	58					203	268	
6	156	58					79	615	
7	158	62					47	573	
8	156	52					96	346	
9	154	45					351	607	
10	160	55					207	494	

手順[2]　次の画面になったら，身長を **変数(V)** のワクの中へ移動しておきます．そして，**オプション(O)** をクリック．

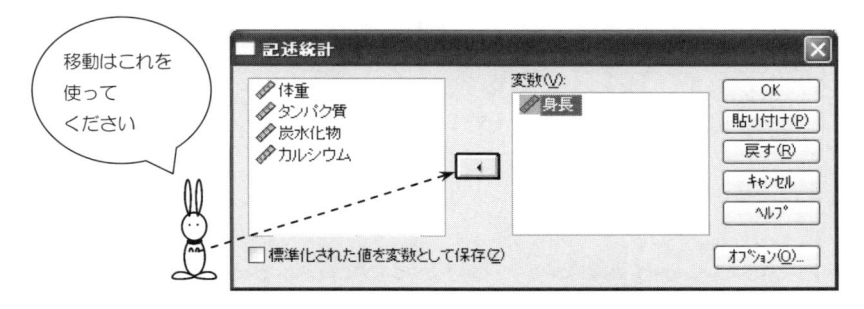

移動はこれを使ってください

手順③　オプション の中には
平均値(M) や 標準偏差(T) など
たくさんの統計量が入っています．
右のようにチェックしてください．

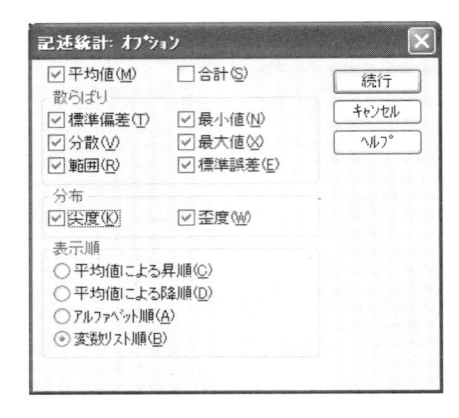

特に，

平均値(M)， 標準偏差(T)， 分散(V)

などを基礎統計量といいます．

統計処理でよく利用されるのが

$$\begin{cases} データを代表する値 \cdots\cdots\cdots 平均値・中央値 \\ データのバラツキを示す値 \cdots\cdots 標準偏差・分散 \end{cases}$$

ですね !!

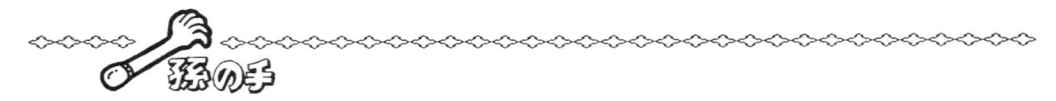

―――――――――――――――― 孫の手 ――――――――――――――――

SPSS の歪度の定義

$$歪度 = \frac{N \cdot M_N{}^3}{(N-1)(N-2)s^3}$$

SPSS の定義は統計の本と少し異なります

SPSS の尖度の定義

$$尖度 = \frac{1}{N} \times \frac{M_N{}^4}{s^4} \times \frac{N \cdot N \cdot (N+1)}{(N-1)(N-2)(N-3)} - 3 \times \frac{(N-1)(N-1)}{(N-2)(N-3)}$$

ただし $M_N{}^3 = \Sigma (x_i - \bar{x})^3$, $M_N{}^4 = \Sigma (x_i - \bar{x})^4$, $s = \sqrt{\dfrac{\Sigma (x_i - \bar{x})^2}{N-1}}$

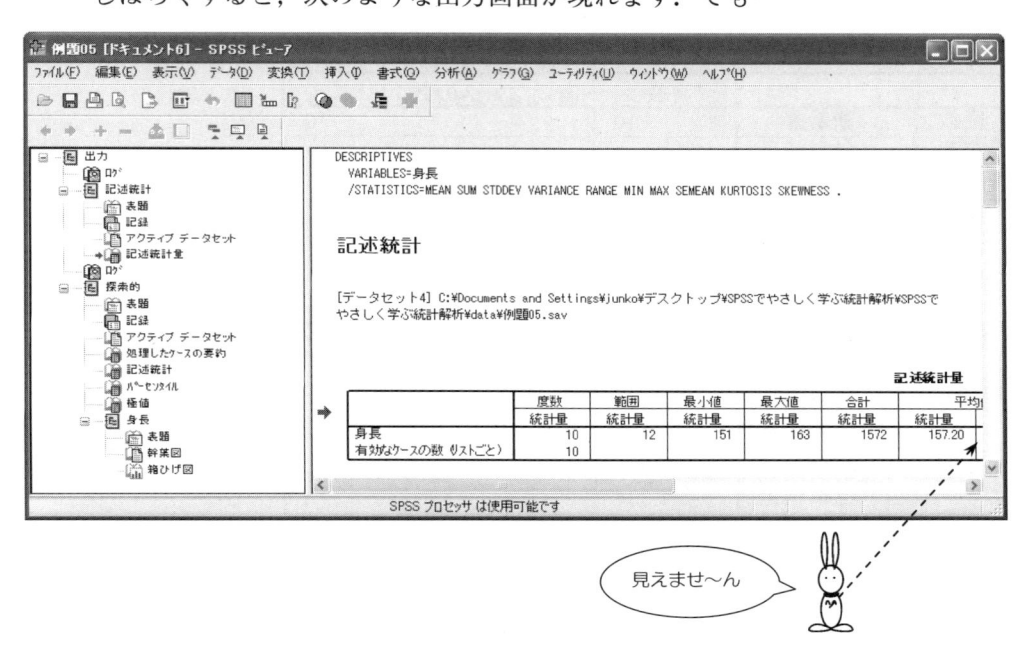

手順[4]　続行　をクリックすると，手順[2]の画面に戻りますから，OK　!
しばらくすると，次のような出力画面が現れます．でも……

```
DESCRIPTIVES
  VARIABLES=身長
  /STATISTICS=MEAN SUM STDDEV VARIANCE RANGE MIN MAX SEMEAN KURTOSIS SKEWNESS .
```

記述統計

[データセット4] C:\Documents and Settings\junko\デスクトップ\SPSSでやさしく学ぶ統計解析\SPSSでやさしく学ぶ統計解析\data\例題05.sav

記述統計量

	度数 統計量	範囲 統計量	最小値 統計量	最大値 統計量	合計 統計量	平均 統計量
身長	10	12	151	163	1572	157.20
有効なケースの数 (リストごと)	10					

見えませ～ん

手順[5]　これでは表の右の部分が見えません．表の上を適当にダブルクリックしましょう．すると，次のようなSPSSピボットテーブルが現れます．
メニューの　ピボット(P)　から　行と列の入れ替え(T)　をクリックすると……

	度数 統計量		最大値 統計量	合計 統計量	平均 統計量
身長 有効なケースの数 (リストごと)			163	1572	157.20

Section 5.1　基礎統計量って，いったい何？

【SPSSによる出力】

今度はとっても見やすい表になりました.

記述統計量

		身長	有効なケースの数 (リストごと)
度数	統計量	10	10
範囲	統計量	12	
最小値	統計量	151	
最大値	統計量	163	
合計	統計量	1572	
平均値	統計量	157.20	
	標準誤差	1.153	
標準偏差	統計量	3.645	
分散	統計量	13.289	
歪度	統計量	−.131	
	標準誤差	.687	
尖度	統計量	−.622	
	標準誤差	1.334	

ナ〜ンダ.
統計量って
カンタンなんだ！

【出力結果の読み取り方】

合計と平均値のところを見ると

$$\text{合計} = 1572 \quad \text{平均値} = 157.20 \quad N = 10$$

となっていますから

$$\text{平均値} = \frac{1572}{10} = \frac{\text{合計}}{N}$$

> 平均値は
> データを代表する
> 値です

ですね.

分散と標準偏差の関係は

$$\text{標準偏差} = 3.645 = \sqrt{13.289} = \sqrt{\text{分散}}$$

> 分散と標準偏差は
> データのバラツキを
> 示しています

です.

平均値のところの標準誤差は

$$\text{標準誤差} = 1.153 = \frac{3.645}{\sqrt{10}} = \frac{\text{標準偏差}}{\sqrt{N}} = \sqrt{\frac{\text{分散}}{N}}$$

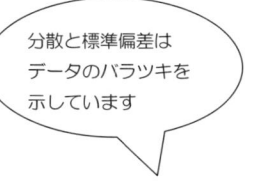

となっています.

基礎統計量って,とってもカンタン,カンタン!!

> 標準偏差は9章の区間推定のところで使います
> $$\bar{x} - t\left(N-1; \frac{\alpha}{2}\right)\sqrt{\frac{s^2}{N}} \leq \mu \leq \bar{x} + t\left(N-1; \frac{\alpha}{2}\right)\sqrt{\frac{s^2}{N}}$$

──◆その2── 探索的をクリックしてみると……

手順 1　次に，分析(A) ⇨ 記述統計(E) ⇨ 探索的(E) を選択してみましょう．

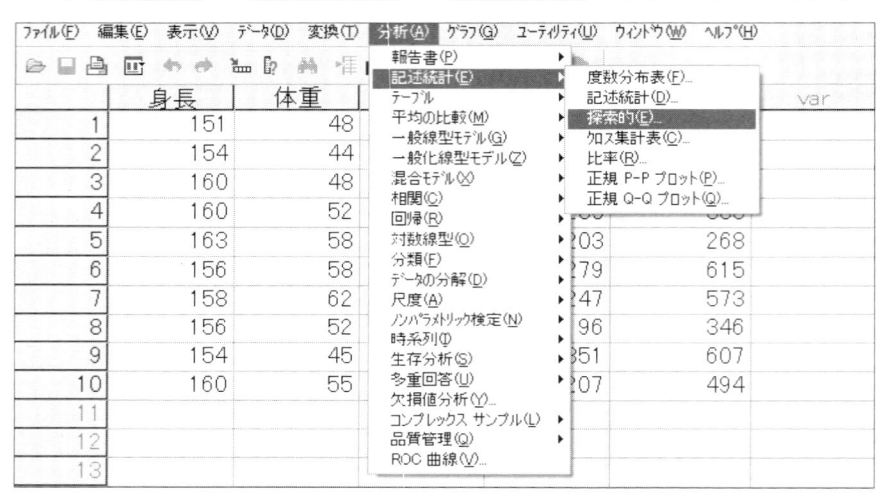

手順 2　すると，次の画面になりますから，身長を 従属変数(D) のワクの中へ移動しておきましょう．

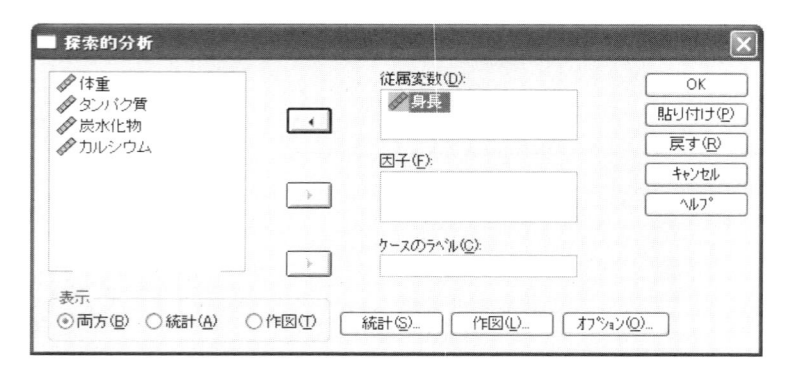

手順3 そして，画面下の 統計(S) をクリックすると，次の画面になります．
ここでは 平均値の信頼区間(C) を求めてくれます！ 続行 ．

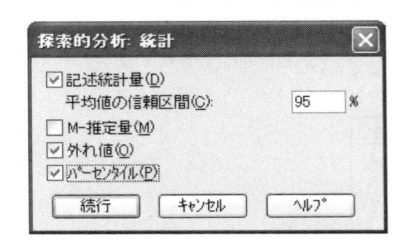

> 平均値の
> 区間推定は
> 9章を参照
> してください

手順4 手順2 の画面に戻ったら，
あとは OK ボタンをマウスでカチッ！

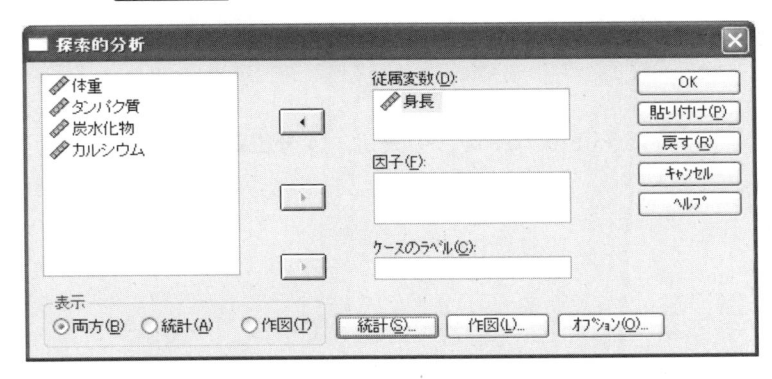

【SPSSによる出力】

すると，次のような出力画面になります．

探索的

記述統計

			統計量	標準誤差
身長	平均値		157.20	1.153
	平均値の95%信頼区間	下限	154.59	
		上限	159.81	
	5%トリム平均		157.22	
	中央値		157.00	
	分散		13.289	
	標準偏差		3.645	
	最小値		151	
	最大値		163	
	範囲		12	
	4分位範囲		6	
	歪度		-.131	.687
	尖度		-.622	1.334

　記述統計のときの出力結果と似ていますが，
探索的では

　　　　　　　　5％トリム平均，中央値，4分位範囲

なども出力されています．

【出力結果の読み取り方】

5％トリム平均

トリム（= trim）とは"刈り取る"という意味です．つまり，

"データの中で大きい値5％と小さい値5％を刈り取ったあとの平均値"

のことです．

中央値

データを大きさの順に並べたとき，ちょうど真ん中にくる値を中央値といいます．
平均値と同じように，この値もデータを代表する値です．
平均値と違って，中央値は

"データの中に極端に大きい値や小さい値があっても，その影響を受けない"

というすぐれた特徴をもっています．

4分位範囲

"しぶんいはんい"と読みます．4分位とは $\frac{1}{4}$ のことですから，
4分位範囲とは

"25パーセントから75パーセントまでの値の範囲"

のことになりますね．

> 詳しくは，
> 『すぐわかる統計用語』を
> 参照してください

演習 5

次のデータは，ある方法でプラスチックを製造したときの引裂抵抗，光沢，不透明度の測定値です．

問 5.1 引裂抵抗の平均値を求めてください．

問 5.2 光沢の分散を求めてください．ピボットを利用しましょう．

問 5.3 不透明度の標準偏差と標準誤差を求めてください．ピボットを利用しましょう．

表5.2 プラスチックの品質管理

No.	引裂抵抗	光沢	不透明度
1	6.5	9.5	4.4
2	6.2	9.9	6.4
3	5.8	9.6	3.0
4	6.5	9.6	4.1
5	6.5	9.2	0.8
6	6.9	9.1	5.7
7	7.2	10.0	2.0
8	6.9	9.9	3.9
9	6.1	9.5	1.9
10	6.3	9.4	5.7
11	6.7	9.1	2.8
12	6.6	9.3	4.1
13	7.2	8.3	3.8
14	7.1	8.4	1.6
15	6.8	8.5	3.4
16	7.1	9.2	8.4
17	7.0	8.8	5.2
18	7.2	9.7	6.9
19	7.5	10.1	2.7
20	7.6	9.2	1.9

答 5.1　記述統計

記述統計量

	度数	最小値	最大値	平均値	標準偏差
引裂抵抗	20	5.8	7.6	6.785	.4738
有効なケースの数 (リストごと)	20				

答 5.2　記述統計

記述統計量

	光沢	有効なケースの数 (リストごと)
度数	20	20
最小値	8.3	
最大値	10.1	
平均値	9.315	
標準偏差	.5174	
分散	.268	

答 5.3　記述統計

記述統計量

		不透明度	有効なケースの数 (リストごと)
度数	統計量	20	20
最小値	統計量	.8	
最大値	統計量	8.4	
平均値	統計量	3.935	
	標準誤差	.4419	
標準偏差	統計量	1.9762	

6章 相関係数で2人の相性を！

次のデータは，12の地域の妊産婦受診率と新生児死亡率を調査した結果です．

表 6.1 妊産婦受診率と新生児死亡率の相関表

変量 地域名	妊産婦受診率	新生児死亡率
A	1.54	4.26
B	2.18	5.35
C	9.59	3.68
D	5.16	4.72
E	7.39	3.46
F	2.08	3.91
G	4.64	3.85
H	3.81	5.02
I	2.38	4.36
J	9.07	4.15
K	3.74	5.79
L	1.28	5.63

このデータの特長は 妊産婦受診率 と 新生児死亡率 のように

"対応している2つの変量"

という点です．

このようなときは，相関を調べてみましょう．

データは，次のように入力しておきます．

	地域名	受診率	死亡率	var
1	A	1.54	4.26	
2	B	2.18	5.35	
3	C	9.59	3.68	
4	D	5.16	4.72	
5	E	7.39	3.46	
6	F	2.08	3.91	
7	G	4.64	3.85	
8	H	3.81	5.02	
9	I	2.38	4.36	
10	J	9.07	4.15	
11	K	3.74	5.79	
12	L	1.28	5.63	
13				

相関係数の定義はタイヘンですが，SPSSを使うと……！

Section 6.1 相関を調べてみましょう

手順 1 分析(A) のメニューから，相関(C) ⇨ 2変量(B) を選択．

手順 2 次の画面になったら，受診率と死亡率を 変数(V) のワクの中へ移動しましょう．

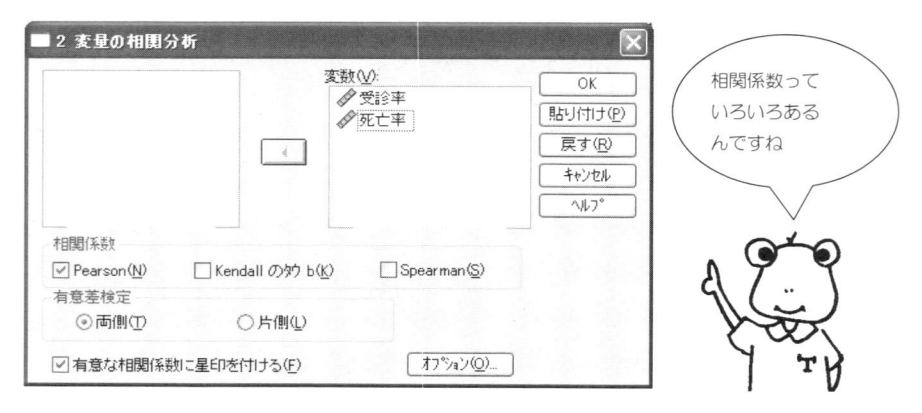

相関係数っていろいろあるんですね

手順③　画面右下の オプション(O) をクリックしてみましょう．次のように
平均値と標準偏差(M)，交差積和と共分散(C) の2か所をチェック．
そして，続行．

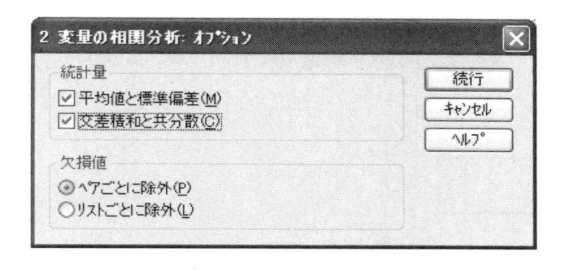

手順④　手順②の画面に戻ったら，
あとは OK ボタンをマウスでカチッ！

Pearson(N) が相関係数 r のことです．

$$= \frac{(x_1-\bar{x})(y_1-\bar{y}) + (x_2-\bar{x})(y_2-\bar{y}) + \cdots + (x_N-\bar{x})(y_N-\bar{y})}{\sqrt{(x_1-\bar{x})^2 + (x_2-\bar{x})^2 + \cdots + (x_N-\bar{x})^2}\ \sqrt{(y_1-\bar{y})^2 + (y_2-\bar{y})^2 + \cdots + (y_N-\bar{y})^2}}$$

【SPSSによる出力】

次のようになりましたか？

相関係数

記述統計量

	平均値	標準偏差	N
受診率	4.4050	2.88269	12
死亡率	4.5150	.78067	12

相関係数

		受診率	死亡率	
受診率	Pearson の相関係数	1	-.534	
	有意確率 (両側)		.074	
	平方和と積和	91.409	-13.222	← ①
	共分散	8.310	-1.202	
	N	12	12	
死亡率	Pearson の相関係数	-.534	1	← ②
	有意確率 (両側)	.074		
	平方和と積和	-13.222	6.704	
	共分散	-1.202	.609	
	N	12	12	

相関係数 r

$$= \frac{(x_1-\bar{x})(y_1-\bar{y}) + (x_2-\bar{x})(y_2-\bar{y}) + \cdots + (x_N-\bar{x})(y_N-\bar{y})}{\sqrt{(x_1-\bar{x})^2 + (x_2-\bar{x})^2 + \cdots + (x_N-\bar{x})^2} \sqrt{(y_1-\bar{y})^2 + (y_2-\bar{y})^2 + \cdots + (y_N-\bar{y})^2}}$$

【出力結果の読み取り方】

←① はじめに共分散と積和に注目しましょう．共分散とは

$$\text{共分散} = \frac{(x_1-\bar{x})(y_1-\bar{y}) + (x_2-\bar{x})(y_2-\bar{y}) + \cdots + (x_N-\bar{x})(y_N-\bar{y})}{N-1}$$

のことです．

出力結果のところを見ると，共分散と積和の関係は

$$\text{共分散} = -1.202 = \frac{-13.222}{12-1} = \frac{\text{積和}}{12-1}$$

となっていることに気づきますね！

平方和とは2乗の合計のことですから

$$(x_1-\bar{x})^2 + (x_2-\bar{x})^2 + \cdots + (x_N-\bar{x})^2$$

積和とは積の和，つまり積の合計

$$(x_1-\bar{x})(y_1-\bar{y}) + (x_2-\bar{x})(y_2-\bar{y}) + \cdots + (x_N-\bar{x})(y_N-\bar{y})$$

のことです．

←② 次に相関係数を見てみましょう．

$$\text{相関係数} = -0.534 = \frac{-1.202}{0.78067 \times 2.88269} = \frac{\text{共分散}}{\text{標準偏差} \times \text{標準偏差}}$$

となっています．このことから

$$x \text{と} y \text{の相関係数} = \frac{x \text{と} y \text{の共分散}}{\sqrt{x \text{の分散}} \times \sqrt{y \text{の分散}}}$$

が成り立っていることがわかります．

グラフ表現も忘れないで！

Section 6.2 散布図を描きましょう

ところで，対応する2つの変量の場合には，相関係数を求めるよりも前に調べておかなければならないことがあります．それは散布図です．

そこで……

手順 ①　グラフ(G) のメニューから レガシーダイアログ(L) を選び，サブメニューから 散布図/ドット(S) を選択してみましょう．

手順 ②　単純 のところをクリック，そして，定義 をクリック．

手順 ③ 次の画面になったら

　　　　Y軸(Y) に死亡率

　　　　X軸(X) に受診率

　　　　ケースのラベル(L) に地域名

を，それぞれ移動させてください．

あとは， OK ボタンをマウスでカチッ！

【SPSSによる出力】

次のようになりますから，出力画面の上をあっちこっちダブルクリックして，見やすい散布図にリメイクしましょう．

妊産婦受診率と新生児死亡率

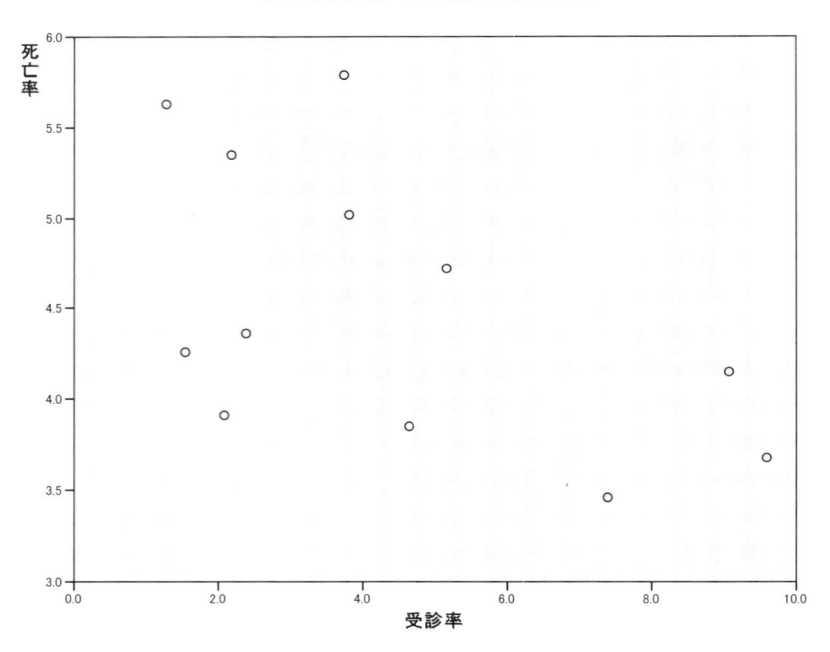

これが散布図で～す．
点の分布が右下がりになっているみたい

【出力結果の読み取り方】

ところで，散布図と相関係数 r の間には次のような密接な関係があります．

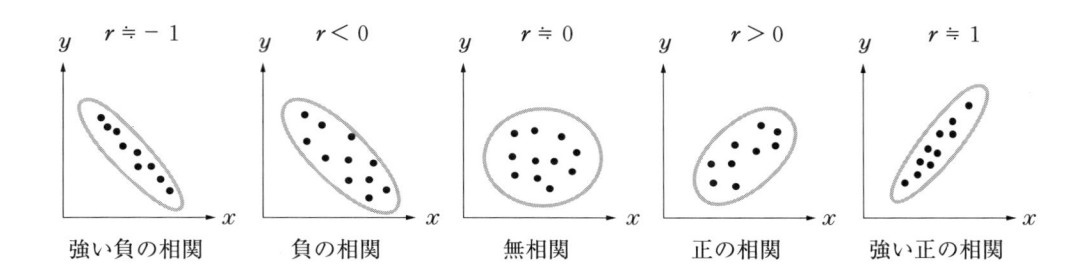

$r \fallingdotseq -1$	$r < 0$	$r \fallingdotseq 0$	$r > 0$	$r \fallingdotseq 1$
強い負の相関	負の相関	無相関	正の相関	強い正の相関

図 6.1　相関関係 r と散布図の関係

このことから，

"受診率と死亡率のデータの間には負の相関がある"

ことがわかりますね‼

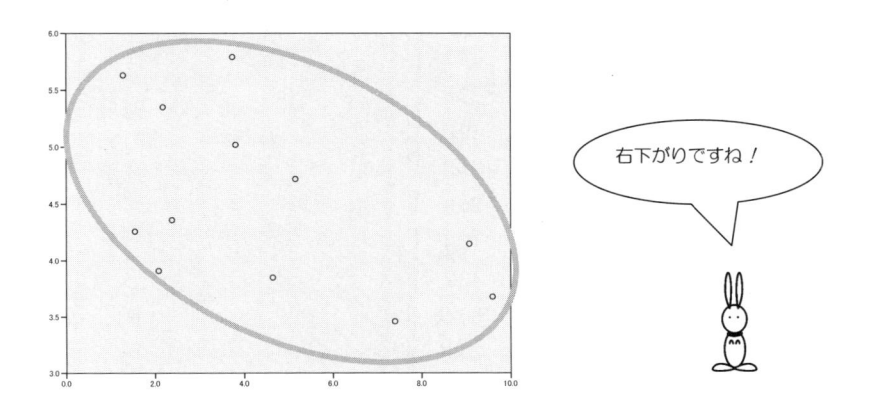

右下がりですね！

演習 6

次のデータは，消防署から火災現場までの距離と，火災による損害金額を調査したものです．

問 6.1 距離と損害金額の散布図を作成してください．

問 6.2 距離と損害金額の相関係数を求めてください．

表 6.2 火災保険調査

No.	距離	損害金額
1	3.4	26.2
2	1.8	17.8
3	4.6	31.3
4	2.3	23.1
5	3.1	27.5
6	5.5	36.0
7	0.7	14.1
8	3.0	22.3
9	2.6	19.6
10	4.3	31.3
11	2.1	24.0
12	1.1	17.3
13	6.1	43.2
14	4.8	36.4
15	3.8	26.1

解答

答 6.1

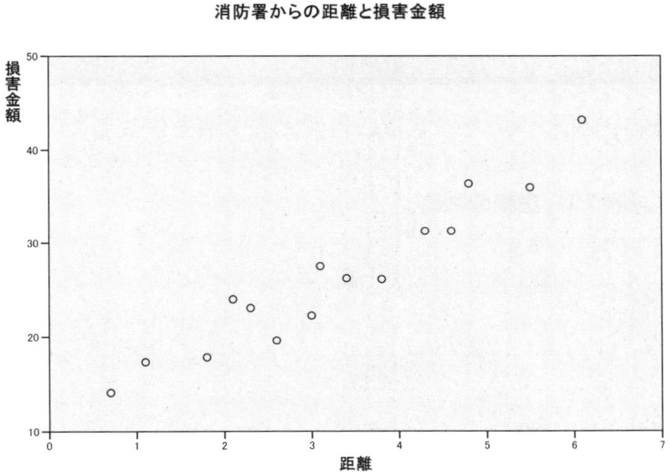

答 6.2

相関係数

		距離	損害金額
距離	Pearson の相関係数	1	.961**
	有意確率（両側）		.000
	N	15	15
損害金額	Pearson の相関係数	.961**	1
	有意確率（両側）	.000	
	N	15	15

**. 相関係数は 1% 水準で有意（両側）です。

7章 回帰直線を求めてみましょう

次のデータは大手企業10社について,宣伝広告費と売上高を調査した結果です.

表7.1 企業の戦略

企業名	宣伝広告費 x	売上高 y
トヨダ	107	286
ミツボシ	336	851
ニッセン	233	589
マスダ	82	389
スズ	61	158
IPM	378	1037
スミトモ	129	463
ニッテン	313	565
テイコク	142	372
ヤスイ	428	1020

このデータは,対応する2つの変量のデータです.そこで,6章のように

散布図と相関係数

を求めてみましょう.

次のようにデータを入力しておきます．

	企業名	宣伝広告費	売上高	var
1	トヨダ	107	286	
2	ミツボシ	336	851	
3	ニッセン	233	589	
4	マスダ	82	389	
5	スズ	61	158	
6	IPM	378	1037	
7	スミトモ	129	463	
8	ニッテン	313	565	
9	テイコク	142	372	
10	ヤスイ	428	1020	
11				

宣伝広告費が多いと売上も増えるのかしら？

統計処理の第一歩はグラフ表現ですね！

Section 7.1　散布図を描くと……

手順 1　グラフ(G) のメニューから レガシーダイアログ(L) を，サブメニューから 散布図/ドット(S) を選択します．

手順 2　単純 を選択して，定義 をクリック．

手順③　次のように3つの変数を移動させてから，オプション(O) をクリックします．

■ 単純散布図

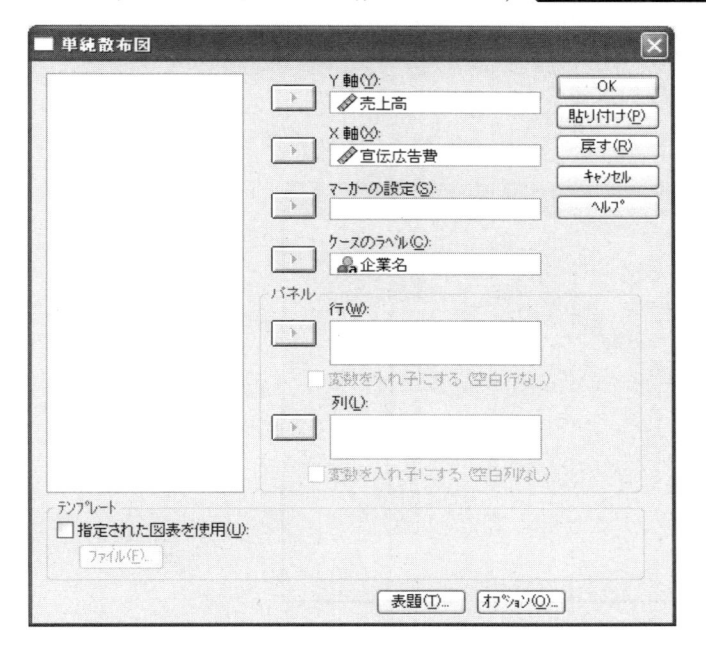

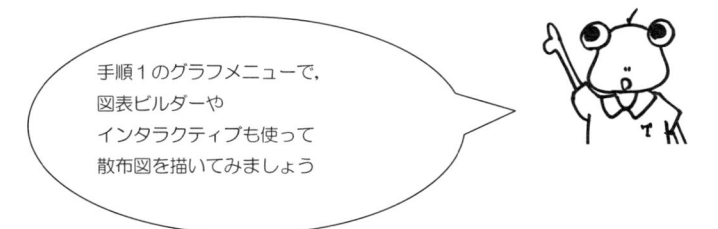

Y軸(Y):
　売上高

X軸(X):
　宣伝広告費

マーカーの設定(S):

ケースのラベル(C):
　企業名

パネル
行(W):
　□ 変数を入れ子にする（空白行なし）

列(L):
　□ 変数を入れ子にする（空白列なし）

テンプレート
□ 指定された図表を使用(U):
　ファイル(F)

OK
貼り付け(P)
戻す(R)
キャンセル
ヘルプ

表題(T)... オプション(O)...

> 手順1のグラフメニューで，
> 図表ビルダーや
> インタラクティブも使って
> 散布図を描いてみましょう

手順4　**図表にケースラベルを表示(S)** のところをチェックしておきましょう．

そして，　続行　．

手順3 の画面に戻ったら，

あとは　OK　ボタンをマウスでカチッ！

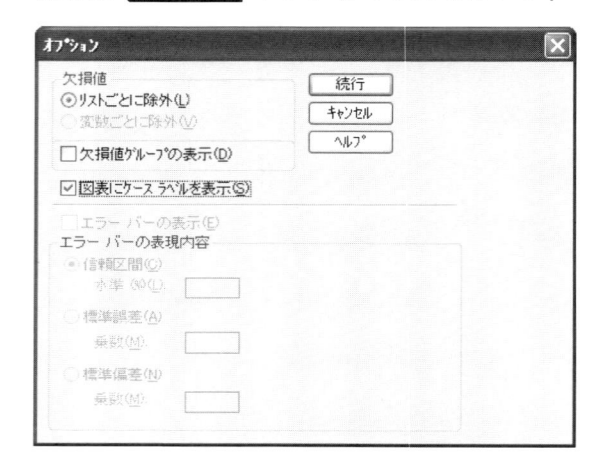

【SPSSによる出力】

次のような出力結果になります.

この散布図から

"宣伝広告費と売上高の間には強い正の相関がある"

ことがわかりますね！

大手企業の宣伝広告費と売上高

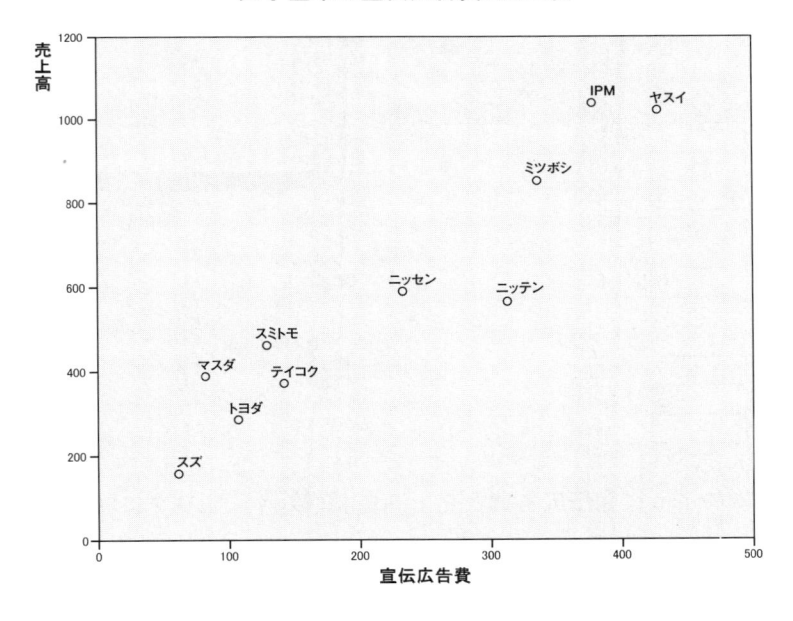

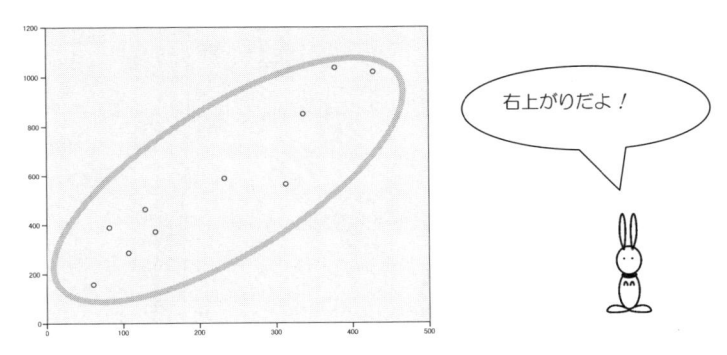

右上がりだよ！

Section 7.1 散布図を描くと……

Section 7.2 相関係数を求めてみると……

次に相関係数 r を求めてみましょう.

手順 [1]　分析(A) のメニューから，相関(C) ⇨ 2 変量(B) を選択.

手順 [2]　次のように宣伝広告費と売上高を 変数(V) のワクに移動します.

あとは OK ボタンをマウスでカチッ！

【SPSS による出力】

次のような出力結果になりました.

相関係数

相関係数

		宣伝広告費	売上高
宣伝広告費	Pearson の相関係数	1	.946**
	有意確率 (両側)		.000
	N	10	10
売上高	Pearson の相関係数	.946**	1
	有意確率 (両側)	.000	
	N	10	10

**. 相関係数は 1% 水準で有意 (両側) です.

【出力結果の読み取り方】

相関係数 r は 0.946 なので,強い正の相関があることがわかります.

ところで,散布図からもわかるように,相関係数 r が 1 に近いということは

"宣伝広告費と売上高の間に 1 次式の関係"

つまり,直線の関係があることを示しています.

式で表現すると

$$\boxed{売上高} = 切片 + 傾き \times \boxed{宣伝広告費}$$

となります.

このような式を回帰直線といいます.

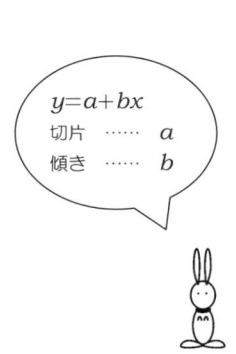

> $y = a + bx$
> 切片 …… a
> 傾き …… b

Section 7.2 相関係数を求めてみると……

グラフ表現すると……

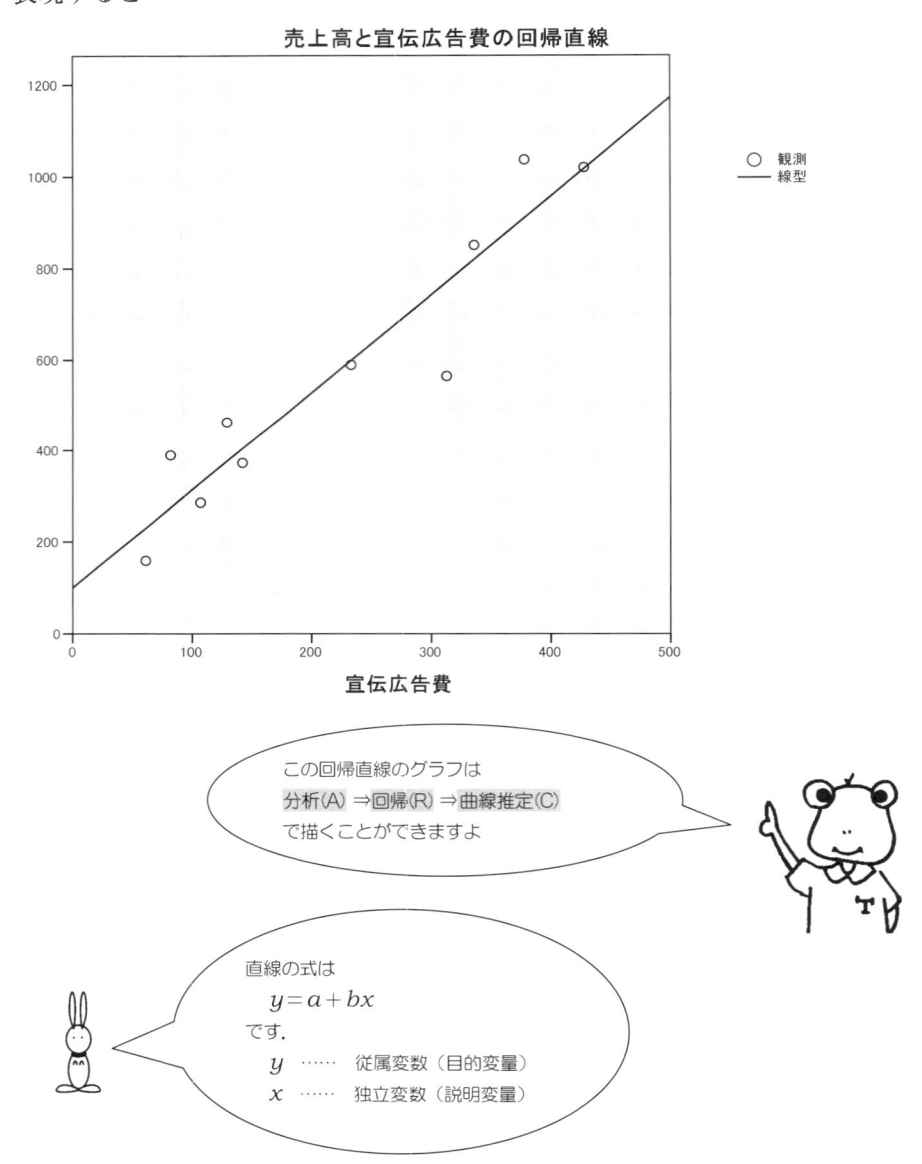

売上高と宣伝広告費の回帰直線

（グラフ：横軸 宣伝広告費、縦軸 売上高。観測点○と線型直線）

この回帰直線のグラフは
分析(A) ⇒ 回帰(R) ⇒ 曲線推定(C)
で描くことができますよ

直線の式は
$$y = a + bx$$
です．
 y …… 従属変数（目的変数）
 x …… 独立変数（説明変量）

Section 7.3 回帰直線を求めてみましょう

手順① 分析(A) のメニューから， 回帰(R) ⇨ 線型(L) を選択します．

手順② 次の画面になったら，売上高を 従属変数(D) のワクへ，宣伝広告費を 独立変数(I) のワクの中へ移動してください．そして， OK ！

【SPSSによる出力】

すると，次のような出力結果を得ます．

回帰

係数[a]

モデル		非標準化係数		標準化係数	t	有意確率
		B	標準誤差	ベータ		
1	(定数)	99.024	66.460		1.490	.175
	宣伝広告費	2.146	.261	.946	8.231	.000

a. 従属変数: 売上高

【出力結果の読み取り方】

したがって，求める回帰直線の式は

$$\boxed{売上高} = 99.024 + 2.146 \times \boxed{宣伝広告費}$$

となります．

この係数 2.146 と 99.024 はどのように求めているのでしょうか？

もう一度散布図をふり返ってみましょう．

次の図のように，いろいろな直線が散布図にあてはめられます．
どの直線が回帰直線なのでしょうか？

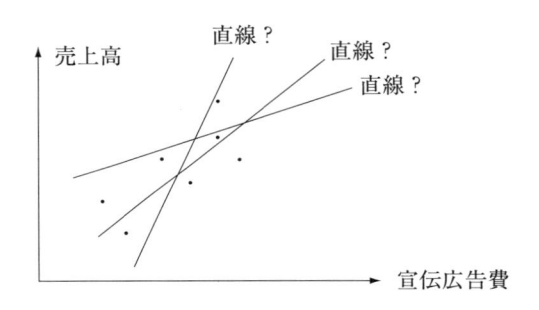

図 7.1 データとその最適な直線は？

そこで，各点の残差を次のように定義します．

$$残差 = 実測値 - 予測値$$

実測値－予測値を
誤差ともいいま〜す

図 7.2 実測値，予測値，残差の関係

そして，各点の残差を最小にするように，直線の傾きと定数項を求めます．
これが回帰直線です．この方法を最小2乗法といいます．
でも，この計算はもちろん，すべてコンピュータにまかせましょう！

演習 7

次のデータは，消防署から火災現場までの距離と，火災による損害金額を調査したものです．

このとき，距離を独立変数，損害金額を従属変数としたときの回帰直線の式を求めてください．

表 7.2　火災保険調査

No.	距離	損害金額
1	3.4	26.2
2	1.8	17.8
3	4.6	31.3
4	2.3	23.1
5	3.1	27.5
6	5.5	36.0
7	0.7	14.1
8	3.0	22.3
9	2.6	19.6
10	4.3	31.3
11	2.1	24.0
12	1.1	17.3
13	6.1	43.2
14	4.8	36.4
15	3.8	26.1

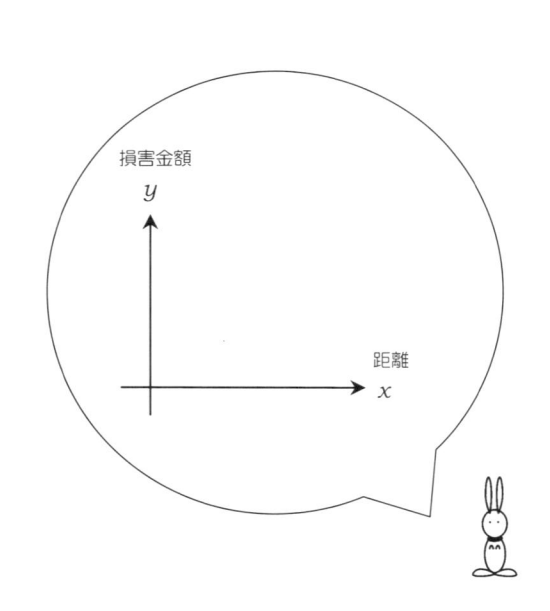

解答
回帰

係数ª

モデル	非標準化係数 B	非標準化係数 標準誤差	標準化係数 ベータ	t	有意確率
1 (定数)	10.278	1.420		7.237	.000
距離	4.919	.393	.961	12.525	.000

a. 従属変数: 損害金額

したがって，求める回帰直線の式は

$$\boxed{損害金額} = 10.278 + 4.919 \times \boxed{距離}$$

となります．

データの標準化をして回帰係数を求めると，それが標準化係数になります！

t と有意確率は
仮説：切片＝0
仮説：傾き＝0
の検定をしているんだね！

8章 確率分布の数表を作りましょう

統計の教科書のうしろには，次のような数表が付いています．

表8.1 標準正規分布のパーセント点

a	$z(a)$	a	$z(a)$	a	$z(a)$	a	$z(a)$	a	$z(a)$
0.50	0.00	0.050	1.64	0.030	1.88	0.020	2.05	0.010	2.33
0.45	0.13	0.048	1.66	0.029	1.90	0.019	2.07	0.009	2.37
0.40	0.25	0.046	1.68	0.028	1.91	0.018	2.10	0.008	2.41
0.35	0.39	0.044	1.71	0.027	1.93	0.017	2.12	0.007	2.46
0.30	0.52	0.042	1.73	0.026	1.94	0.016	2.14	0.006	2.51
0.25	0.67	0.040	1.75	0.025	1.96	0.015	2.17	0.005	2.58
0.20	0.84	0.038	1.77	0.024	1.98	0.014	2.20	0.004	2.65
0.15	1.04	0.036	1.80	0.023	2.00	0.013	2.23	0.003	2.75
0.10	1.28	0.034	1.83	0.022	2.01	0.012	2.26	0.002	2.88
0.05	1.64	0.032	1.85	0.021	2.03	0.011	2.29	0.001	3.09

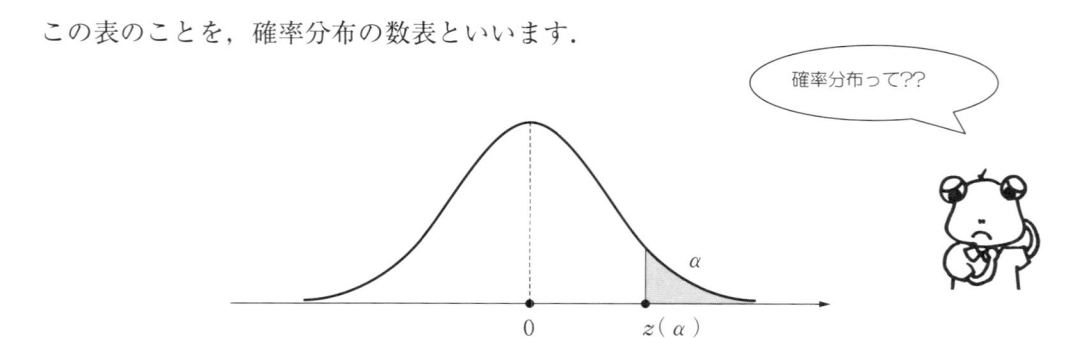

この表のことを，確率分布の数表といいます．

確率分布って??

図8.1 標準正規分布と 100α パーセント点の関係

ところで，確率分布には

　　　　　一様分布（uniform distribution）
　　　　　ウィシャート分布（Wishart distribution）
　　　　　F 分布（F distribution）
　　　　　カイ 2 乗分布（chi-square distribution）
　　　　　ガウス分布（Gauss distribution）
　　　　　幾何分布（geometric distribution）
　　　　　コーシー分布（Cauchy distribution）
　　　　　正規分布（normal distribution）
　　　　　多項分布（multi nomial distribution）
　　　　　2 項分布（binomial distribution）
　　　　　超幾何分布（hypergeometric distribution）
　　　　　t 分布（t distribution）
　　　　　ベータ分布（beta distribution）
　　　　　ポアソン分布（Poisson distribution）

のように，たくさんの分布がありますが，特に大切なのは

　　　　　標準正規分布，t 分布，カイ 2 乗分布，F 分布

の 4 つです．

　確率分布の定義はちょっと大変なので，うんざりされるかもしれません．でも，……あまり気にしないで，カル～～～イ気持ちで

　　　　　"確率分布の数表"

を作ってみましょう!!

Section 8.1 　標準正規分布って？

【標準正規分布の定義】

確率密度関数 $f(x)$ が

$$f(x) = \frac{1}{\sqrt{2\pi}}\, e^{-\frac{x^2}{2}}$$

で与えられるとき，この分布を標準正規分布 $N(0, 1^2)$ といいます．

> この分布は
> 平均が 0，分散が 1 です
> 標準偏差＝$\sqrt{分散}$＝1

でも，少しもわかった気がしませんね．そこで，……

この分布のグラフを調べてみることにしましょう．次のようなグラフになります．

【標準正規分布のグラフ】

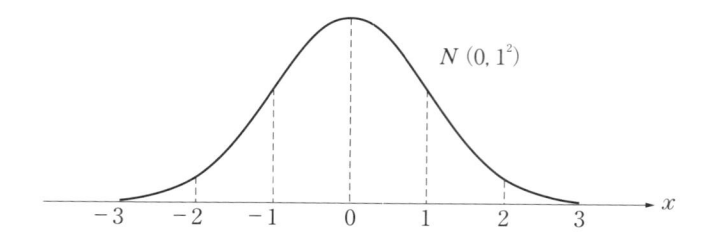

図 8.2　平均が 0，標準偏差が 1 の標準正規分布 $N(0, 1^2)$

0 を中心にきれいな左右対称になっているのが，このグラフの特徴です．

そして，このグラフの面積が標準正規分布の確率になっています．

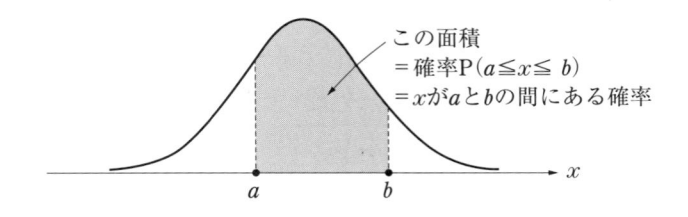

この面積
＝確率P($a \leq x \leq b$)
＝xがaとbの間にある確率

図8.3 面積と確率は同じです！

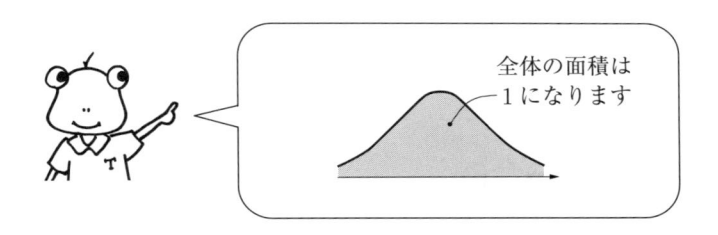

全体の面積は1になります

ところで実際に統計解析で大切なのは，次の確率 α が与えられたときの $z(\alpha)$ の値です．

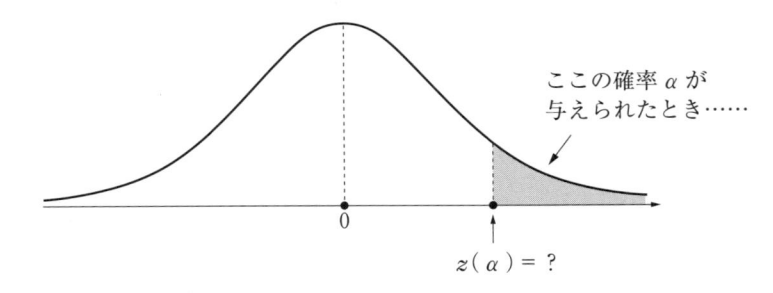

ここの確率 α が与えられたとき……

$z(\alpha) = ?$

図8.4 確率αと$z(\alpha)$の値

この$z(\alpha)$が大切なのヨ！

SPSSを使うと，簡単にこの値$z(\alpha)$を求められます．さっそく実行！

Section 8.1 標準正規分布って？

【標準正規分布の数表の作り方】

手順 1　データビューに，次のように準備してください．

	確率	確率α	var
1	.995	.005	
2	.990	.010	
3	.985	.015	
4	.980	.020	
5	.975	.025	
6	.970	.030	
7	.965	.035	
8	.960	.040	
9	.955	.045	
10	.950	.050	
11			

確率(=1−α)を3ケタにしておきましょう

手順 2　変換(T) のメニューから，変数の計算(C) を選択．

手順 ③ 次の画面になったら **目標変数(T)** のワクの中へ，zの値と入力しましょう．

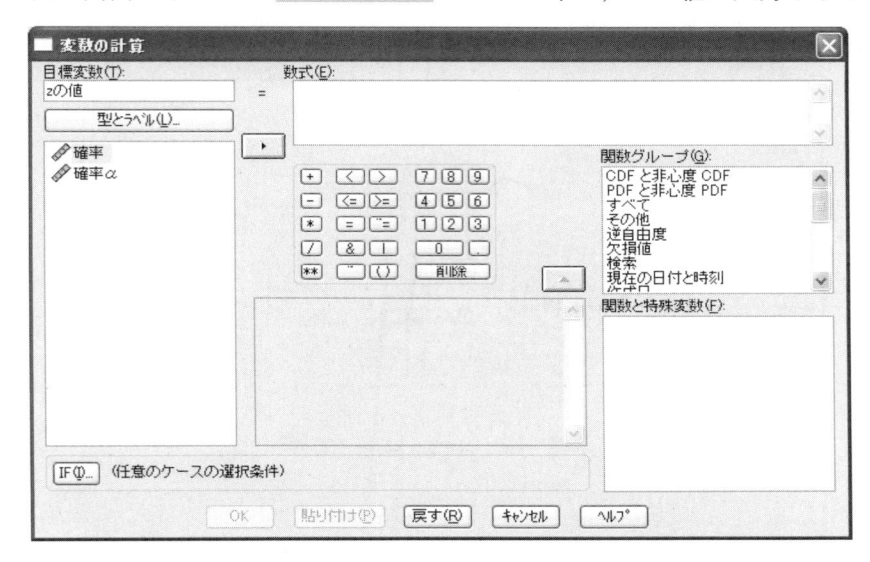

手順 ④ 次に **関数グループ(G)** のすべての中から Idf. Normal を探します．

そして，▲をクリックすると……

Section 8.1 標準正規分布って？

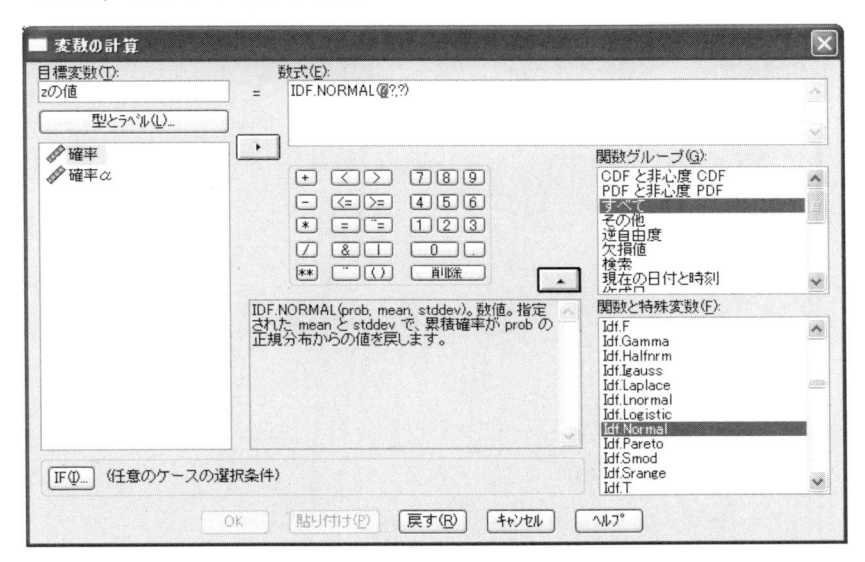

手順⑤ そこで，確率をダブルクリックすると，次のようになります．

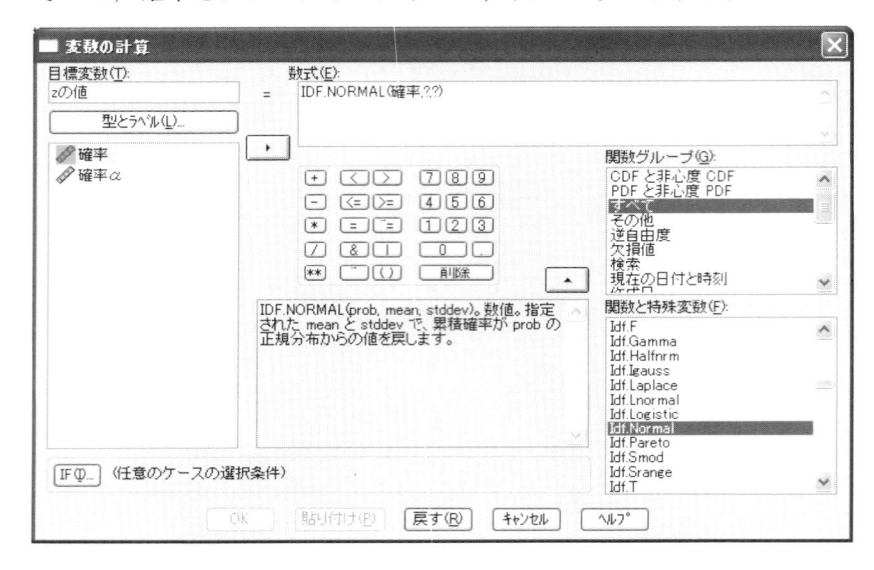

手順⑥ 続いて，0と1を次のように入力します．

あとは OK ボタンをマウスでカチッ！

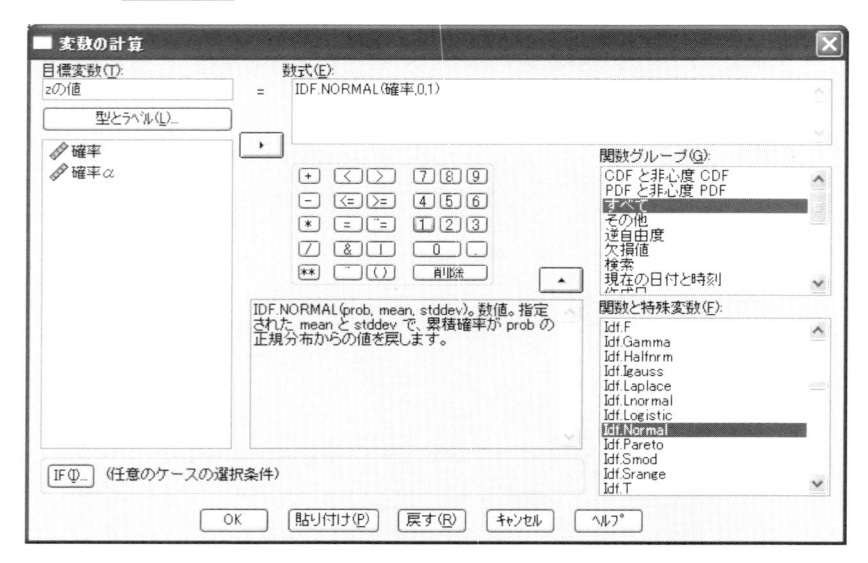

【SPSSによる出力】

しばらくすると，データビューのところに， z の値 という新しい変数ができて，$z(\alpha)$ の値が求まっています．

	確率	確率α	zの値	var
1	.995	.005	2.58	
2	.990	.010	2.33	
3	.985	.015	2.17	
4	.980	.020	2.05	
5	.975	.025	1.96	
6	.970	.030	1.88	
7	.965	.035	1.81	
8	.960	.040	1.75	
9	.955	.045	1.70	
10	.950	.050	1.64	
11				

つまり
$z(0.005) = 2.58$
$z(0.010) = 2.33$
⋮
$z(0.050) = 1.64$
ということです

z の値の小数桁数を 5 までにしたいときは p.13 の手順 3 の画面で 小数桁数 を 5 としてください

この z の値 （$= z(\alpha)$）は，何を表しているのでしょうか？

グラフで説明すると，たとえば確率 $\alpha = 0.025$ の場合

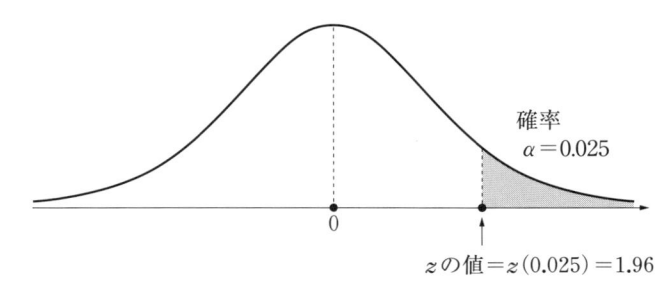

確率 $\alpha = 0.025$

z の値 $= z(0.025) = 1.96$

図 8.5　確率 α と z の値

といった感じです！

Section 8.1　標準正規分布って？

ところで，このグラフは 0 を中心に左右対称ですから

確率
$\alpha = 0.025$

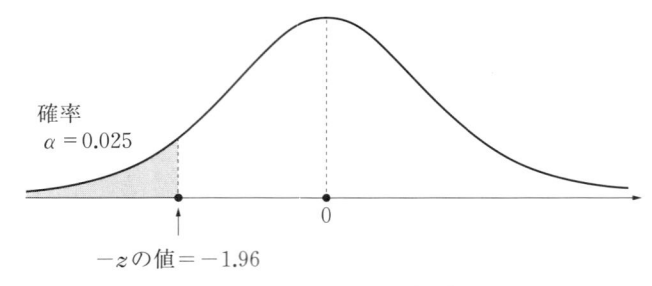

$-z$ の値 $= -1.96$

図 8.6 マイナスの場合

のときは，マイナスを付ければすぐに求まりますね!!

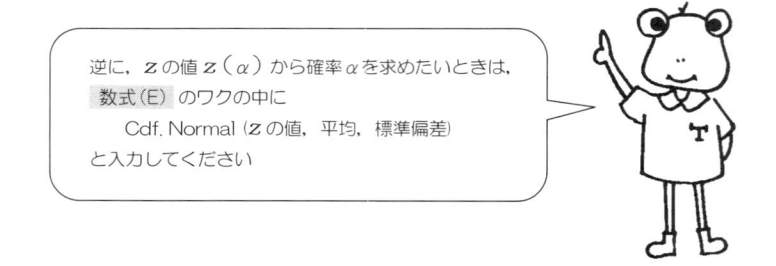

> 逆に，z の値 $z(\alpha)$ から確率 α を求めたいときは，
> 数式(E) のワクの中に
> 　　Cdf. Normal (z の値，平均，標準偏差)
> と入力してください

Section 8.2　t分布の数表を作りましょう

【t分布の定義】

確率変数 X の確率密度関数 $f(x)$ が

$$f(x) = \frac{\Gamma\left(\frac{n+1}{2}\right)}{\sqrt{n\pi}\,\Gamma\left(\frac{n}{2}\right)\left(1+\frac{x^2}{n}\right)^{\frac{n+1}{2}}} \qquad (-\infty < x < \infty)$$

で表されるとき，この分布を**自由度 n の t 分布**といいます．

t 分布は，次のようにして登場します．

『確率変数 $X_1, X_2, \cdots, X_n$ が互いに独立に同一の正規分布 $N(\mu, \sigma^2)$ に従うとする．このとき

$$s = \frac{\sqrt{(X_1-\bar{X})^2+(X_2-\bar{X})^2+\cdots+(X_n-\bar{X})^2}}{n-1}$$

とおくと，

$$統計量\ t = \frac{\bar{X}-\mu}{\sqrt{\frac{s^2}{n}}}$$

の分布は，自由度 $n-1$ の t 分布に従う．』 ← 『入門はじめての統計解析』p.94 を参照してください．

え～～～??　よくわかりません!!

このようなときは，t 分布のグラフを見てみて，理解しましょう．

【t 分布のグラフ】

t 分布は自由度の値によって,その形が少しずつ変化します.

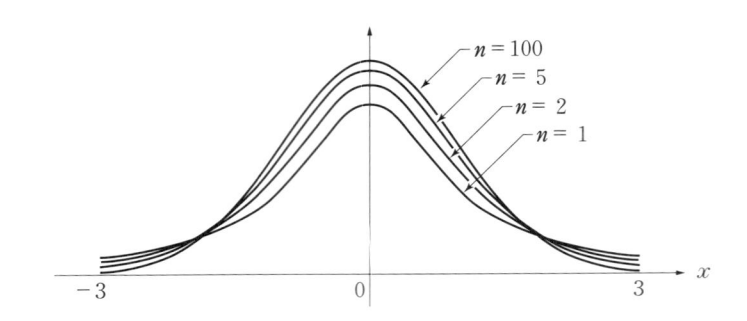

図 8.7　自由度 n の t 分布のグラフ

t 分布の場合,統計解析で必要な値は次のところです.つまり,有意水準 α が与えられたときの $t(n\,;\alpha)$ の値です.

たとえば, $\alpha = 0.025$ の場合……

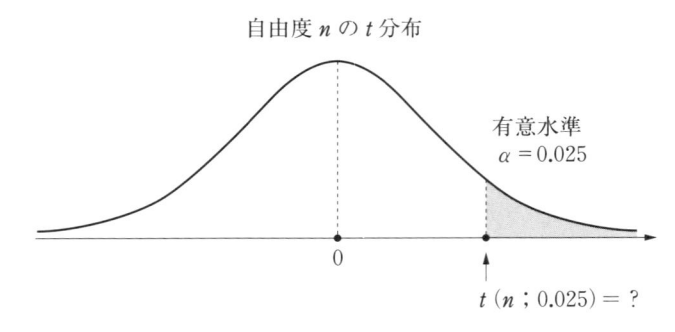

図 8.8　有意水準 α と $t(n\,;\alpha)$ の値

$t(n\,;0.025)$ の値が大切よ！

でも正規分布にそっくりね

【t 分布の数表の作り方】

手順 1 次の表をデータビューに用意してください．あとは……

	確率	自由度	有意水準	var
1	.975	1	.025	
2	.975	2	.025	
3	.975	3	.025	
4	.975	4	.025	
5	.975	5	.025	
6	.975	6	.025	
7	.975	7	.025	
8	.975	8	.025	
9	.975	9	.025	
10	.975	10	.025	
11				

確率（＝1－α）を3ケタにしておきましょう

手順 2　**変換(T)** のメニューから **変数の計算(C)** を選択して，**目標変数(T)** のところにtの値と入力．

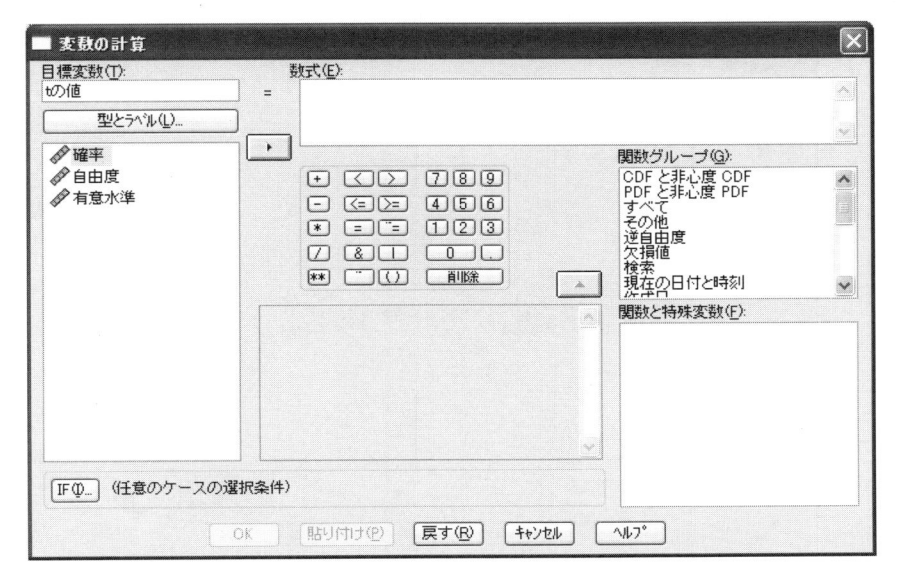

手順③　関数グループ(G) のすべての中から Idf.T を探し出して，▲.

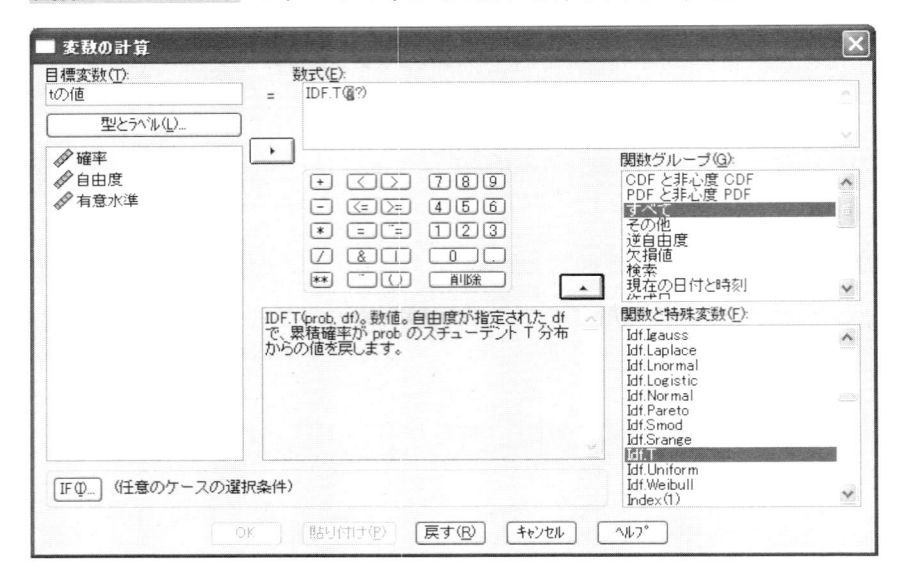

手順④　確率を 数式(E) の中へ移動！

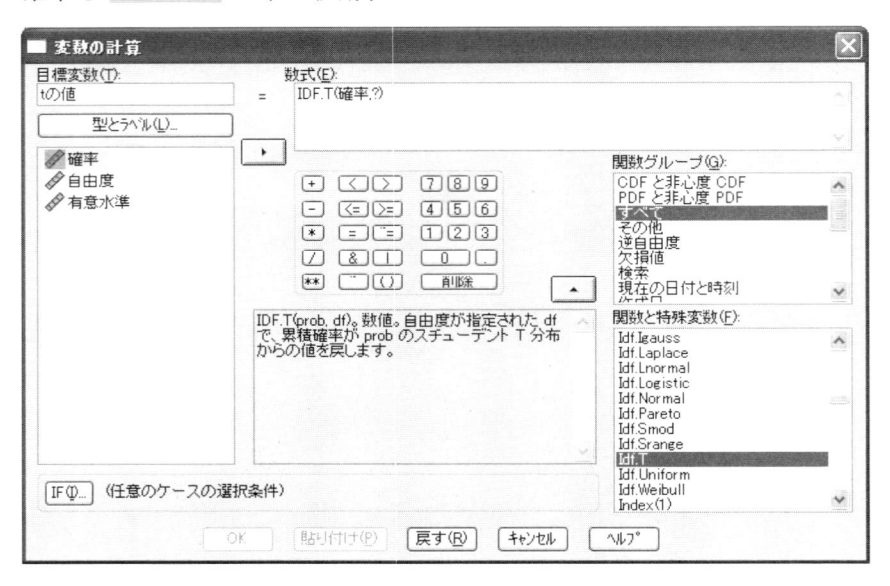

手順⑤ 自由度を 数式(E) の中へ移動！

あとは OK ボタンをマウスでカチッ！

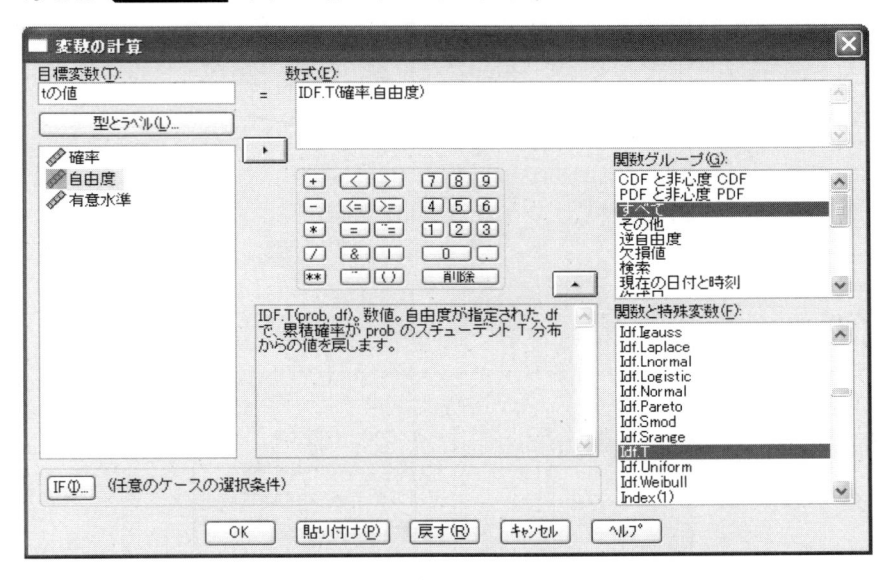

【SPSSによる出力】

しばらくすると，データビューのところが次のようになります！

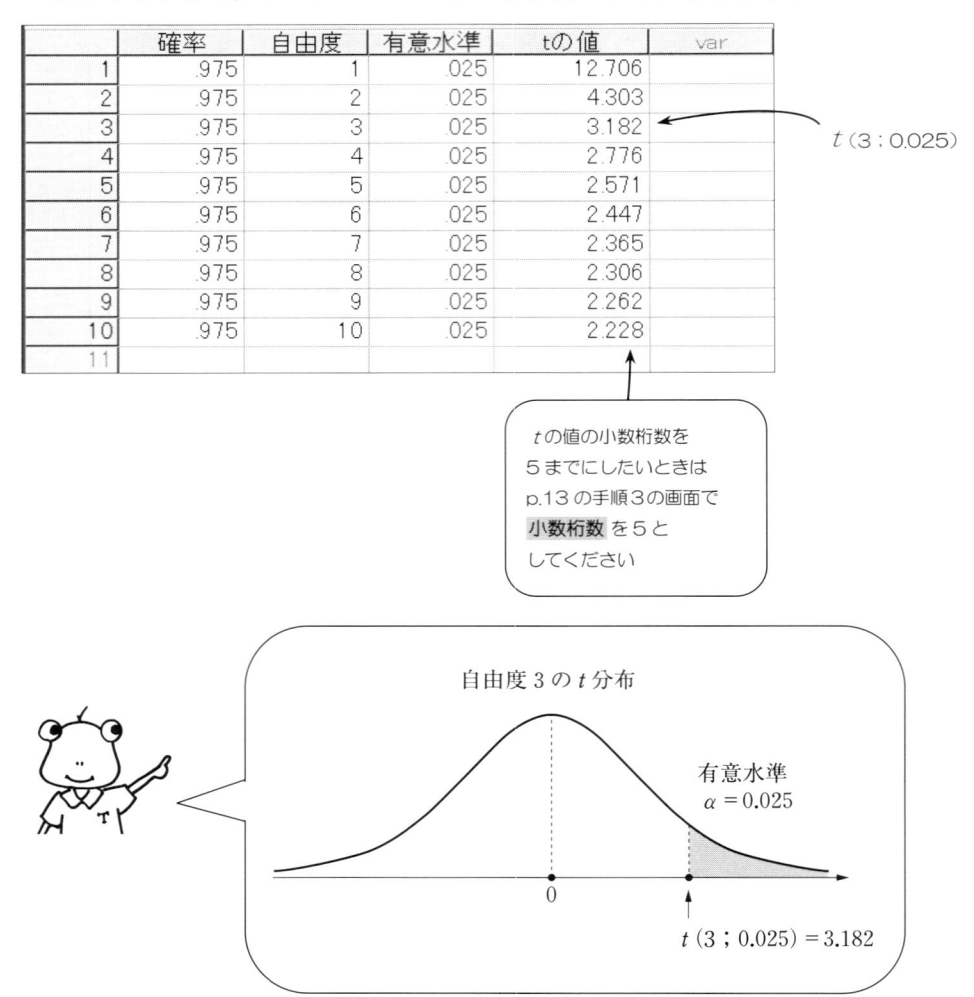

	確率	自由度	有意水準	tの値	var
1	.975	1	.025	12.706	
2	.975	2	.025	4.303	
3	.975	3	.025	3.182	
4	.975	4	.025	2.776	
5	.975	5	.025	2.571	
6	.975	6	.025	2.447	
7	.975	7	.025	2.365	
8	.975	8	.025	2.306	
9	.975	9	.025	2.262	
10	.975	10	.025	2.228	
11					

← $t(3 ; 0.025)$

> t の値の小数桁数を5までにしたいときは p.13 の手順3の画面で **小数桁数** を5としてください

自由度3の t 分布

有意水準 $\alpha = 0.025$

$t(3 ; 0.025) = 3.182$

Section 8.3　カイ2乗分布の数表を作りましょう

【カイ2乗分布の定義】

確率変数 X の確率密度関数 $f(x)$ が

$$f(x) = \frac{1}{2^{\frac{n}{2}} \Gamma\left(\frac{n}{2}\right)} x^{\frac{n}{2}-1} e^{-\frac{x}{2}} \quad (0 < x < \infty)$$

であるとき，この分布を，自由度 n のカイ2乗分布（χ^2 分布）といいます．

> χ はギリシャ文字で "カイ" と発音します．つまり，χ^2 分布は "カイじじょうぶんぷ" と読みます．

$\Gamma(n)$ はガンマ関数で，次の関係式

$$\Gamma(n+1) = n\Gamma(n)$$

をみたします．このガンマ関数について，次の等号が成立します．

n が偶数ならば

$$\Gamma\left(\frac{n}{2}\right) = \left(\frac{n-2}{2}\right)\left(\frac{n-4}{2}\right)\cdots 1$$

n が奇数ならば

$$\Gamma\left(\frac{n}{2}\right) = \left(\frac{n-2}{2}\right)\left(\frac{n-4}{2}\right)\cdots \frac{1}{2}\sqrt{\pi}$$

カイ2乗分布は，次のように登場します．

『確率変数 $X_1, X_2, \cdots, X_n$ が互いに独立に同一の正規分布 $N(\mu, \sigma^2)$ に従うとき，

$$統計量 \chi^2 = \frac{(X_1-\overline{X})^2 + (X_2-\overline{X})^2 + \cdots + (X_n-\overline{X})^2}{\sigma^2}$$

の分布は，自由度 $n-1$ のカイ2乗分布に従う．』

何ッ？　全然ワカリマセン!!

このようなときは，カイ2乗分布のグラフを見てみて，理解しましょう．

【カイ2乗分布のグラフ】

カイ2乗分布は自由度 n が変わると，グラフの形もずいぶん変わりますね．

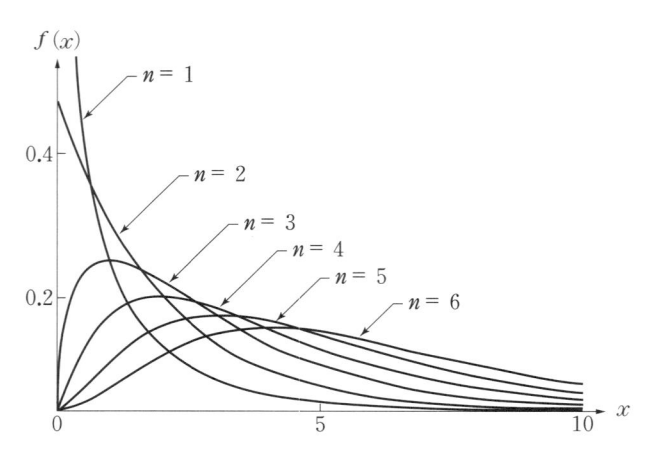

図8.9　自由度 n のカイ2乗分布のグラフ

カイ2乗分布の場合，統計解析で使われる部分は次のところです．つまり，有意水準 α が与えられたときの $\chi^2(n\,;\alpha)$ の値です．

たとえば，$\alpha = 0.05$ の場合……

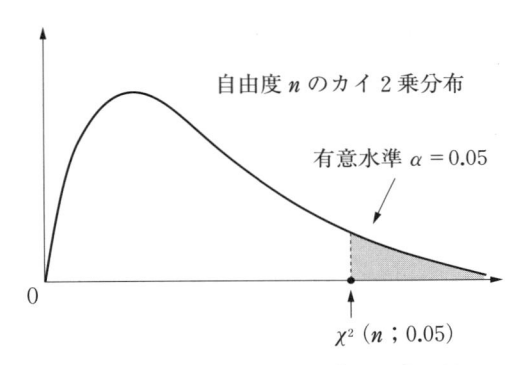

図8.10　有意水準αと$\chi^2(n\,;\alpha)$の値

（吹き出し）$\alpha = 0.05$ のときの $\chi^2(n\,;0.05)$ の値が大切です

（吹き出し）『入門はじめての統計解析』p.93 を参照してください

Section 8.3　カイ2乗分布の数表を作りましょう

【カイ2乗分布の数表の作り方】

手順 ①　データビューに，次のように用意してください．

	確率	自由度	有意水準	var
1	.95	1	.05	
2	.95	2	.05	
3	.95	3	.05	
4	.95	4	.05	
5	.95	5	.05	
6	.95	6	.05	
7	.95	7	.05	
8	.95	8	.05	
9	.95	9	.05	
10	.95	10	.05	
11				

手順 ②　変換(T) のメニューから 変数の計算(C) を選択して 目標変数(T) の中に次のように入力してください．

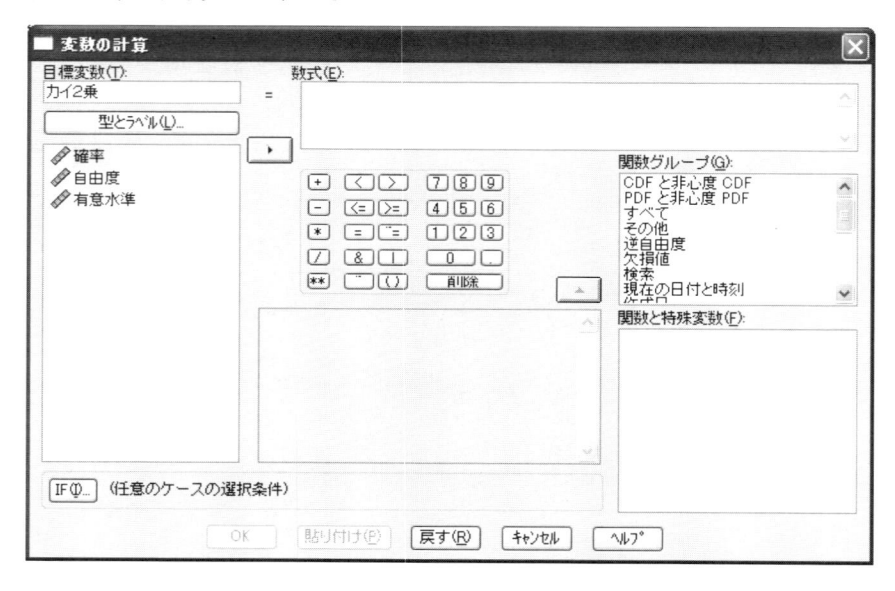

手順③　関数グループ(G) のすべての中から Idf.Chisq を見つけ出して，▲.

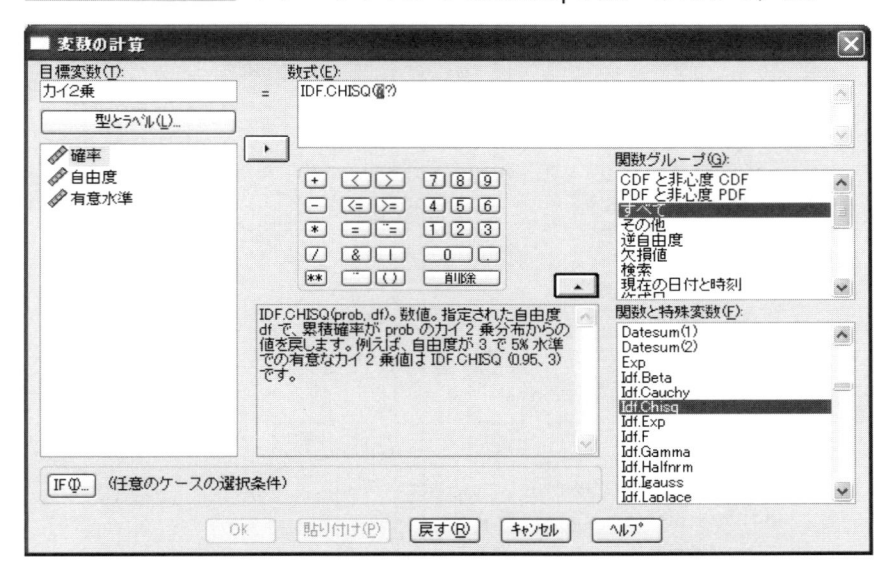

手順④　確率と自由度を 数式(E) の中へ移動して，あとは，　OK　／

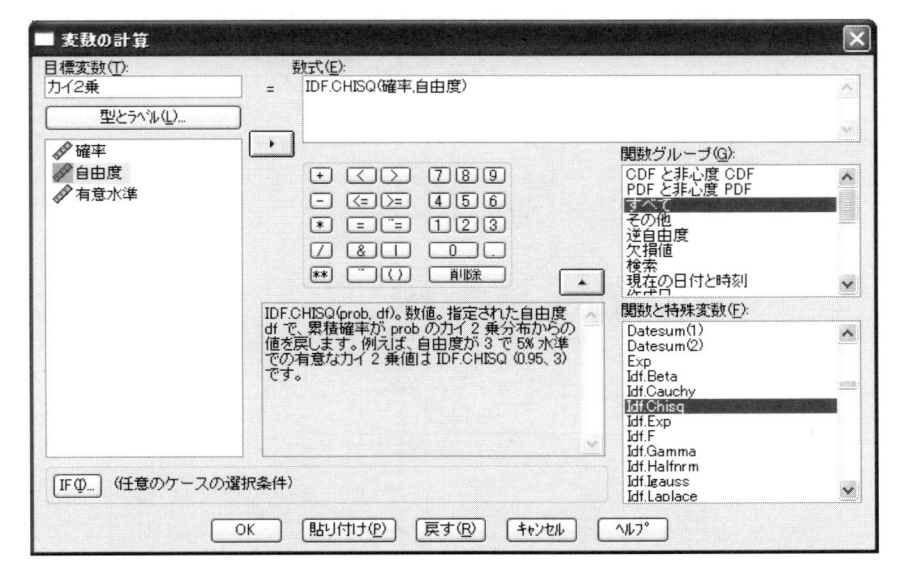

Section 8.3　カイ2乗分布の数表を作りましょう

【SPSS による出力】

しばらくすると，データビューが次のようになります．

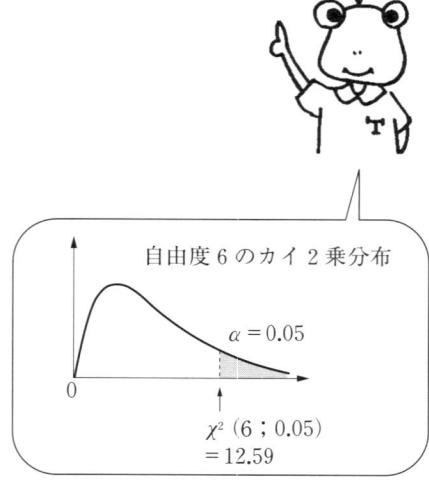

	確率	自由度	有意水準	カイ2乗	var
1	.95	1	.05	3.84	
2	.95	2	.05	5.99	
3	.95	3	.05	7.81	
4	.95	4	.05	9.49	
5	.95	5	.05	11.07	
6	.95	6	.05	12.59	
7	.95	7	.05	14.07	
8	.95	8	.05	15.51	
9	.95	9	.05	16.92	
10	.95	10	.05	18.31	
11					

$\chi^2(6\,;\,0.05)$

カイ2乗の小数桁数を5までにしたいときは p.13 の手順3の画面で 小数桁数 を 5 としてください

自由度 6 のカイ 2 乗分布

$\alpha = 0.05$

$\chi^2(6\,;\,0.05) = 12.59$

Section 8.4　F分布の数表を作りましょう

【F分布の定義】

確率変数 X の確率密度関数 $f(x)$ が

$$f(x) = \frac{\Gamma\left(\frac{m+n}{2}\right)\left(\frac{m}{n}\right)^{\frac{m}{2}} x^{\frac{m}{2}-1}}{\Gamma\left(\frac{m}{2}\right)\Gamma\left(\frac{n}{2}\right)\left(1+\frac{m}{n}x\right)^{\frac{m+n}{2}}} \quad (0<x<\infty)$$

で表されるとき，この分布を自由度 (m, n) のF分布といいます．

F分布は次のようにして登場します．

『確率変数 $X_1, X_2, \cdots, X_m, Y_1, Y_2, \cdots, Y_n$ は互いに独立で，$X_i\ (i=1, 2, \cdots, m)$ は正規分布 $N(\mu_1, \sigma_1^2)$，$Y_j\ (j=1, \cdots, n)$ は正規分布 $N(\mu_2, \sigma_2^2)$ に従っているとする．このとき

$$s_1^2 = \frac{(X_1-\overline{X})^2 (X_2-\overline{X})^2 + \cdots + (X_m-\overline{X})^2}{m-1}$$

$$s_2^2 = \frac{(Y_1-\overline{Y})^2 (Y_2-\overline{Y})^2 + \cdots + (Y_n-\overline{Y})^2}{n-1}$$

とおくと，

$$統計量 F = \frac{s_1^2}{s_2^2} \frac{\sigma_2^2}{\sigma_1^2}$$

は自由度 $(m-1, n-1)$ のF分布に従う．』

F分布の定義って，タイヘン！

F 分布の定義も難しそうですね！

このようなときは，F 分布のグラフを見ることにしましょう．

【F 分布のグラフ】

F 分布には，2 つの自由度 (m, n) があります．

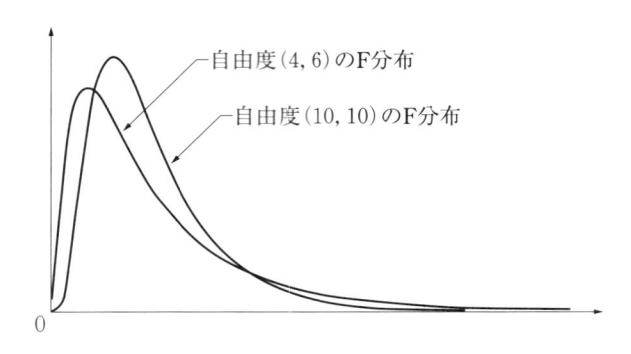

図 8.11　自由度 (m, n) の F 分布のグラフ

F 分布の場合も，統計解析のときに必要なのは

有意水準 α が与えられたときの F 分布の値 $F(m, n\,;\,\alpha)$ です．

たとえば，$\alpha = 0.05$ の場合……

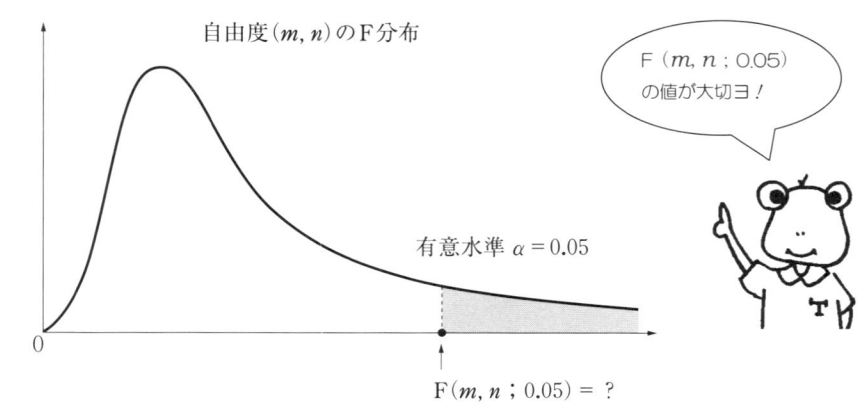

F $(m, n\,;\,0.05)$ の値が大切ヨ！

$F(m, n\,;\,0.05) = ?$

図 8.12　有意水準 α と $F(m, n\,;\,\alpha)$ の値

【F分布の数表の作り方】

手順 ①　データビューに，次のように用意してください．

	確率	自由度1	自由度2	有意水準	var
1	.95	2	3	.05	
2	.95	2	4	.05	
3	.95	2	5	.05	
4	.95	3	4	.05	
5	.95	3	5	.05	
6	.95	4	5	.05	
7	.95	4	6	.05	
8	.95	5	6	.05	
9	.95	5	7	.05	
10	.95	6	7	.05	
11					

手順 ②　 変換(T) のメニューから 変数の計算(C) を選択して， 目標変数(T) の中へ次のように入力しましょう．

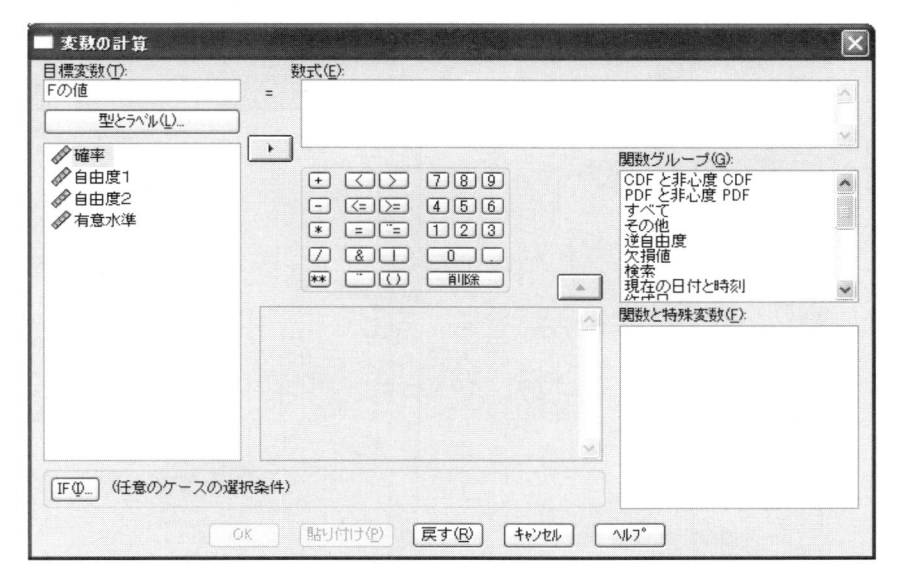

Section 8.4　F分布の数表を作りましょう

手順③　関数グループ(G) のすべての中から Idf.F を探して……

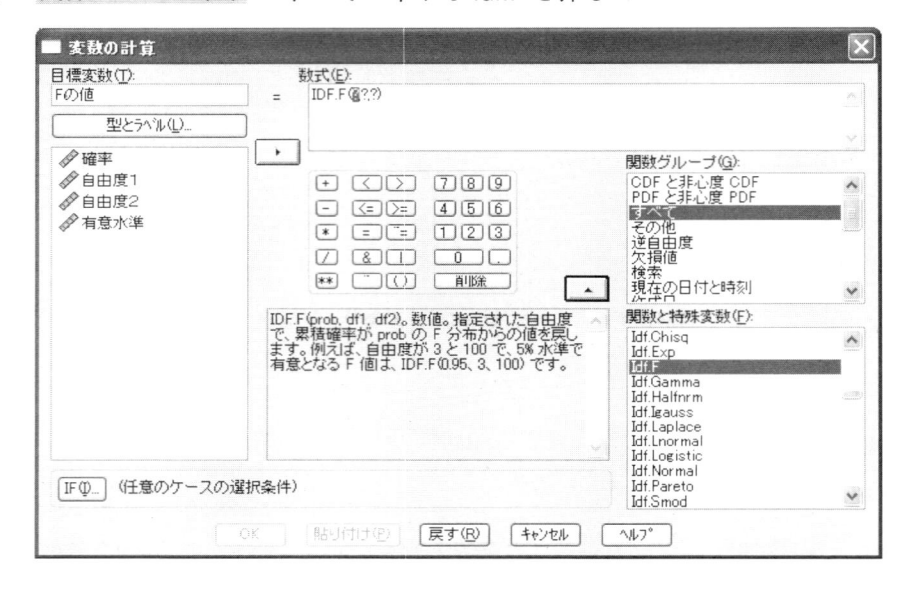

手順④　確率を 数式(E) のワクの中へ！

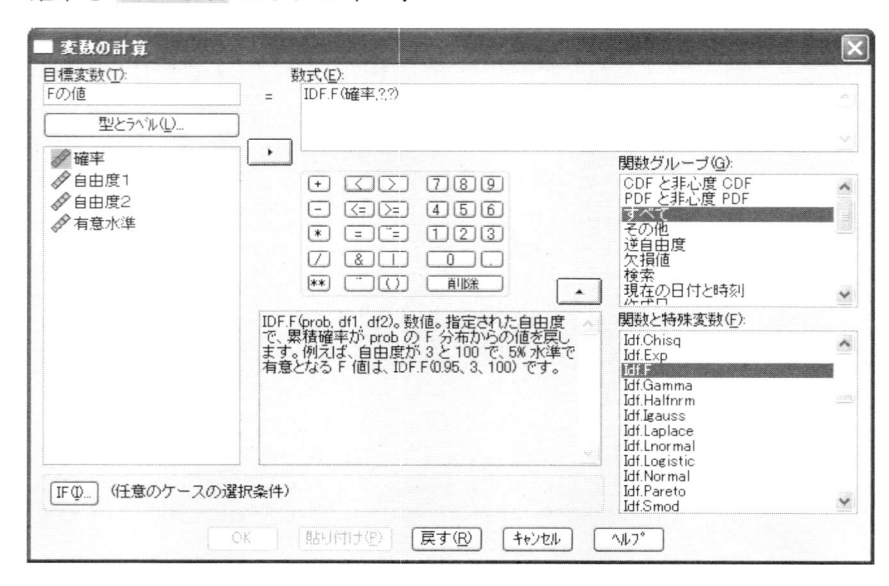

164　8章　確率分布の数表を作りましょう

手順5 自由度1も 数式(E) のワクの中へ！

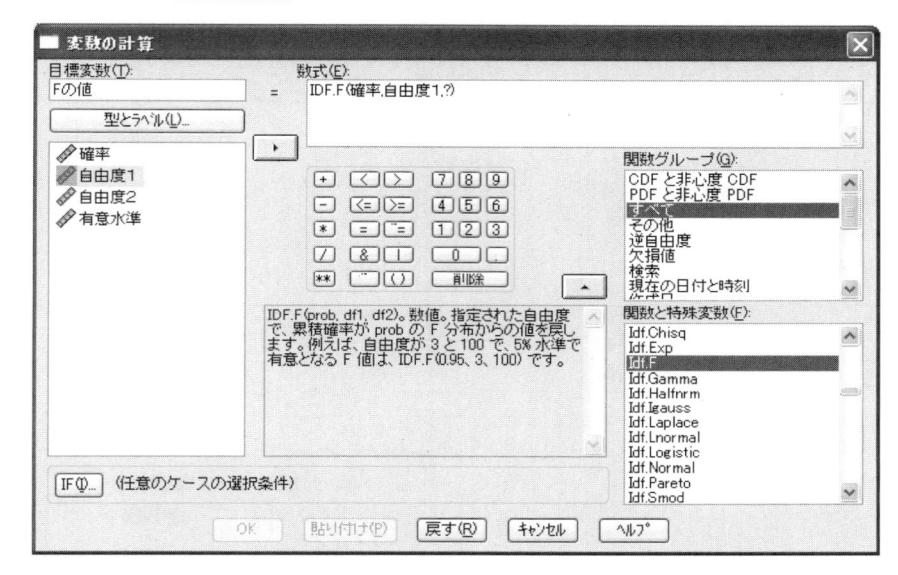

手順6 自由度2も 数式(E) のワクの中へ移したら，あとは OK ！

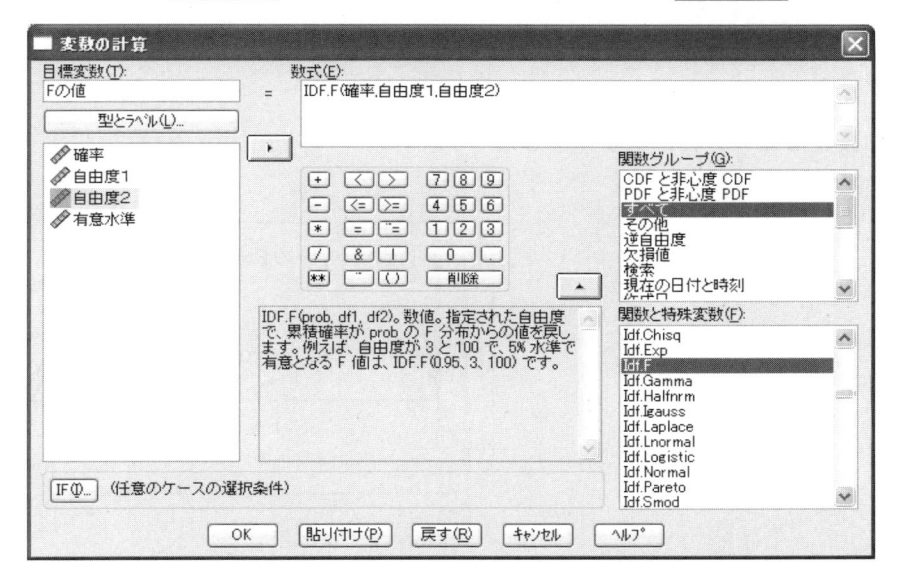

Section 8.4 F分布の数表を作りましょう

【SPSSによる出力】

しばらくすると，データビューの中が次のようになります．

	確率	自由度1	自由度2	有意水準	Fの値	var
1	.95	2	3	.05	9.55	
2	.95	2	4	.05	6.94	
3	.95	2	5	.05	5.79	
4	.95	3	4	.05	6.59	
5	.95	3	5	.05	5.41	
6	.95	4	5	.05	5.19	← F(4,5 ; 0.05)
7	.95	4	6	.05	4.53	
8	.95	5	6	.05	4.39	
9	.95	5	7	.05	3.97	
10	.95	6	7	.05	3.87	
11						

Fの値の小数桁数を5までにしたいときは p.13の手順3の画面で 小数桁数 を 5としてください

確率分布の定義はとっても大変です．

でも，数表はカンタンに求まりましたネッ！

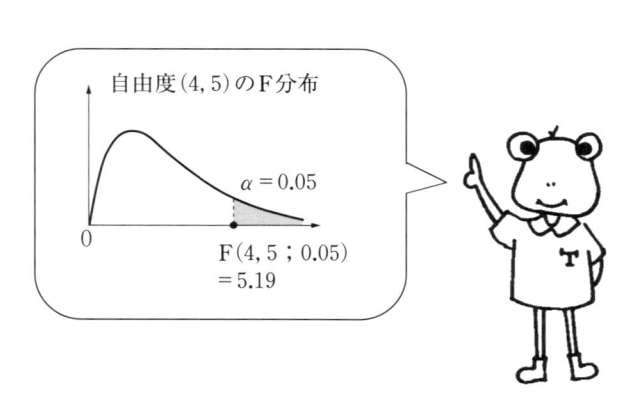

自由度(4, 5)のF分布

$\alpha = 0.05$

$F(4, 5 ; 0.05) = 5.19$

166 8章 確率分布の数表を作りましょう

演習 8

問 8.1 t 分布の値を求めてください.

No.	確率	自由度	有意水準	t 分布
1	0.95	1	0.05	
2	0.95	2	0.05	
3	0.95	3	0.05	
4	0.95	4	0.05	
5	0.95	5	0.05	
6	0.95	6	0.05	
7	0.95	7	0.05	
8	0.95	8	0.05	
9	0.95	9	0.05	
10	0.95	10	0.05	

問 8.2 カイ 2 乗の値を求めてください.

No.	確率	自由度	有意水準	カイ 2 乗
1	0.99	1	0.01	
2	0.99	2	0.01	
3	0.99	3	0.01	
4	0.99	4	0.01	
5	0.99	5	0.01	
6	0.99	6	0.01	
7	0.99	7	0.01	
8	0.99	8	0.01	
9	0.99	9	0.01	
10	0.99	10	0.01	

問 8.3 F分布の値を求めてください.

No.	確率	自由度1	自由度2	有意水準	F分布
1	0.99	2	8	0.01	
2	0.99	3	7	0.01	
3	0.99	4	6	0.01	
4	0.99	5	5	0.01	
5	0.99	6	4	0.01	
6	0.99	7	5	0.01	
7	0.99	9	6	0.01	
8	0.99	8	7	0.01	
9	0.99	7	8	0.01	
10	0.99	6	9	0.01	

解答

答 8.1

	確率	自由度	有意水準	tの値	var
1	.95	1	.05	6.31	
2	.95	2	.05	2.92	
3	.95	3	.05	2.35	
4	.95	4	.05	2.13	
5	.95	5	.05	2.02	
6	.95	6	.05	1.94	
7	.95	7	.05	1.89	
8	.95	8	.05	1.86	
9	.95	9	.05	1.83	
10	.95	10	.05	1.81	
11					

答 8.2

	確率	自由度	有意水準	カイ2乗	var
1	.99	1	.01	6.63	
2	.99	2	.01	9.21	
3	.99	3	.01	11.34	
4	.99	4	.01	13.28	
5	.99	5	.01	15.09	
6	.99	6	.01	16.81	
7	.99	7	.01	18.48	
8	.99	8	.01	20.09	
9	.99	9	.01	21.67	
10	.99	10	.01	23.21	
11					

答 8.3

	確率	自由度1	自由度2	有意水準	F分布	var
1	.99	2	8	.01	8.65	
2	.99	3	7	.01	8.45	
3	.99	4	6	.01	9.15	
4	.99	5	5	.01	10.97	
5	.99	6	4	.01	15.21	
6	.99	7	5	.01	10.46	
7	.99	9	6	.01	7.98	
8	.99	8	7	.01	6.84	
9	.99	7	8	.01	6.18	
10	.99	6	9	.01	5.80	
11						

9章 パラメータの推定は探索的に!!

次のデータは，8人の女子大生ウェイトレスの時給です．

表 9.1 女子大生の時給

名前	時給
博子	850円
直美	1000円
明子	1100円
鳴海	950円
美由紀	1200円
智美	900円
美佳	1050円
知佳子	800円

全国の女子大生ウェイトレスの平均時給は，いくらでしょうか？

8人のデータの平均値を求めてみましょう．

次のようにデータを入力します．

	名前	時給	var
1	博子	850	
2	直美	1000	
3	明子	1100	
4	鳴海	950	
5	美由紀	1200	
6	智美	900	
7	美佳	1050	
8	知佳子	800	
9			

5章を思い出して

分析(A) ⇨ 記述統計(E) ⇨ 記述統計(D)

を選択.

変数(V) のワクの中へ時給を移動すると,出力結果は……

記述統計

記述統計量

	度数	最小値	最大値	平均値	標準偏差
時給	8	800	1200	981.25	133.463
有効なケースの数 (リストごと)	8				

……となりました.

しかし,この平均値は

$$\text{平均値}\,981.25 = \frac{7850}{8} = \frac{\text{合計}}{\text{人数}}$$

← 標本平均 $\bar{x}$

ですから,8人の時給の平均値でしかありません.

全国の女子大生ウェイトレスの平均時給を求めるためには,何万人という女子大生ウェイトレスの時給を,すべて調査しなければいけないのでしょうか?

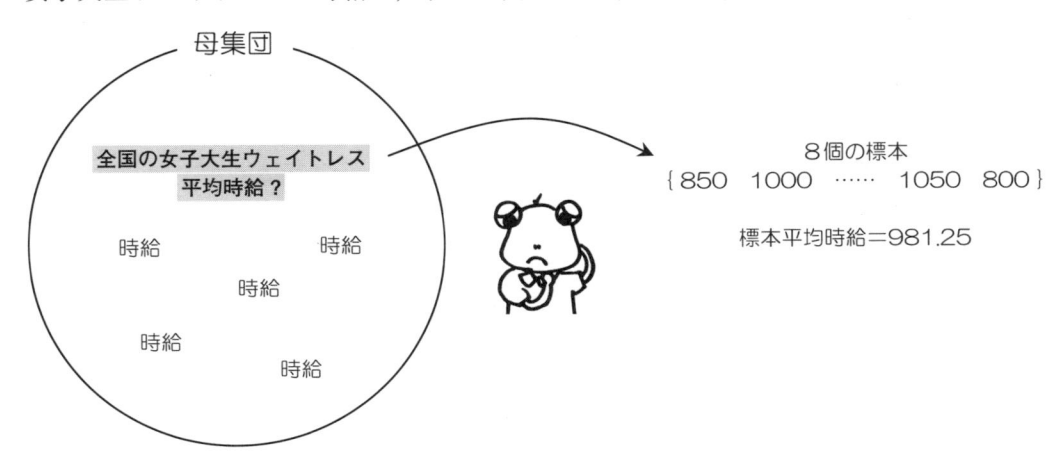

母集団

全国の女子大生ウェイトレス 平均時給?

時給 時給 時給 時給 時給

8個の標本
{ 850 1000 …… 1050 800 }

標本平均時給＝981.25

【区間推定のしくみ】

そのようなとき，役に立つのがパラメータの区間推定という考え方です．

次のイラストを見ましょう！　ここでは，母平均 μ がパラメータになります．

母集団の平均を推定する場合

正規母集団　母平均 μ = ？　研究対象

ランダムに取り出す

標本
$\{x_1\ x_2\ \cdots\ x_N\}$

標本平均 $\bar{x}$ と標本分散 s^2

$$\begin{cases} \bar{x} = \dfrac{x_1 - x_2 + \cdots + x_N}{N} \\ s^2 = \dfrac{(x_1 - \bar{x})^2 + \cdots + (x_N - \bar{x})^2}{N-1} \end{cases}$$

を計算し，母平均 μ を確率 $100(1-\alpha)\%$ で

$$\bar{x} - t\left(N-1;\frac{\alpha}{2}\right)\sqrt{\frac{s^2}{N}} \leq \mu \leq \bar{x} + t\left(N-1;\frac{\alpha}{2}\right)\sqrt{\frac{s^2}{N}}$$

のように区間で推定！

これが区間推定の公式よ！

$\dfrac{\alpha}{2}$　$1-\alpha$　$\dfrac{\alpha}{2}$

母平均 μ

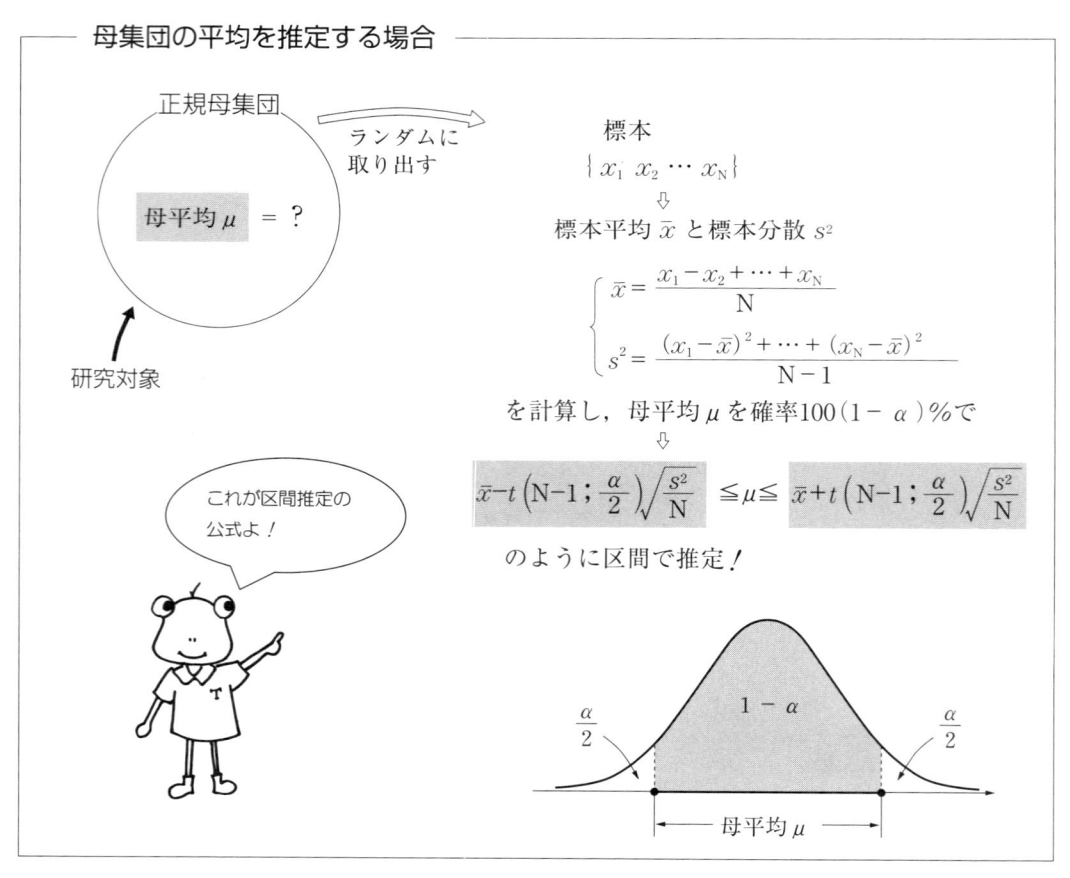

図9.1　ひとめでわかる区間推定のしくみ

このデータの場合

母集団 = "全国の女子大生ウェイトレスの時給"

です．

そして，この母集団の平均値（＝母平均）が知りたいのですが，この母平均の区間推定は，次の公式に代入して求めます．

$$\bar{x} - t\left(N-1 ; \frac{0.05}{2}\right)\sqrt{\frac{s^2}{N}} \leq 母平均\,\mu \leq \bar{x} + t\left(N-1 ; \frac{0.05}{2}\right)\sqrt{\frac{s^2}{N}} \quad \leftarrow 信頼係数\,95\%$$

この区間推定を

母平均の区間推定

といいます．

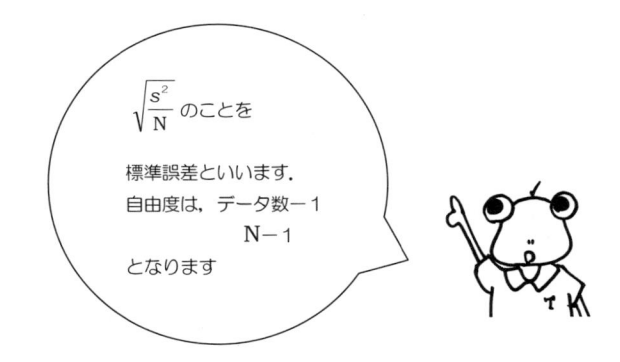

$\sqrt{\frac{s^2}{N}}$ のことを標準誤差といいます．自由度は，データ数－1　N－1　となります

Section 9.1　平均値の区間推定をしましょう

手順①　分析(A) のメニューから，記述統計(E) ⇨ 探索的(E) を選択します．

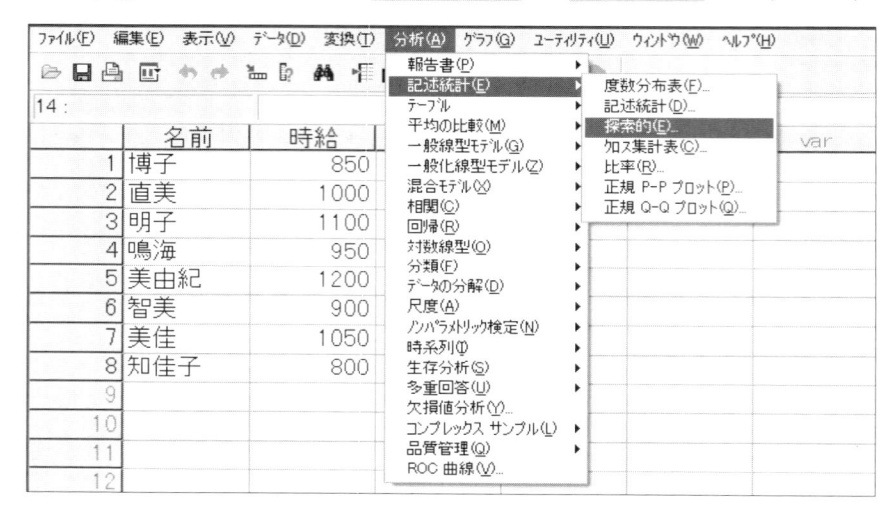

手順②　時給を 従属変数(D) のワクの中へ移動してください．

画面下の 統計(S) をクリック．

手順③　すると，ここに 平均値の信頼区間(C) がありますね！！

これが信頼係数95％の区間推定です．そして，続行 ．

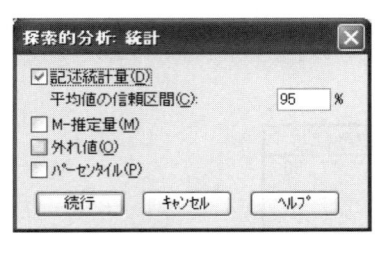

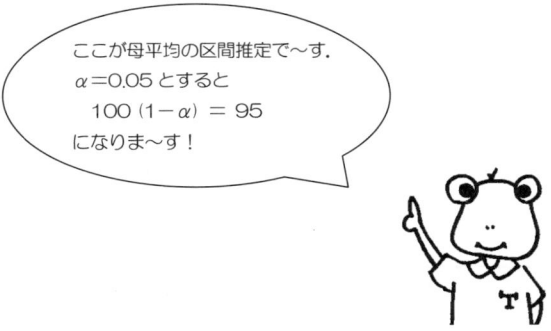

> ここが母平均の区間推定で〜す．
> $\alpha = 0.05$ とすると
> $100(1-\alpha) = 95$
> になりま〜す！

手順④　手順②の画面に戻ったら，

あとは OK ボタンをマウスでカチッ！

【SPSSによる出力結果】

しばらくすると，次の結果が得られます．

探索的

記述統計

			統計量	標準誤差
時給	平均値		981.25	47.186
	平均値の95%信頼区間	下限	869.67	
		上限	1092.83	
	5%トリム平均		979.17	
	中央値		975.00	
	分散		17812.500	
	標準偏差		133.463	
	最小値		800	
	最大値		1200	
	範囲		400	
	4分位範囲		225	
	歪度		.296	.752
	尖度		-.652	1.481

やっぱり
SPSSは
カンタンよ!!

【出力結果の読み取り方】

つまり，全国の女子大生ウェイトレスの平均時給は

自由度の 7 の t 分布

$\dfrac{\alpha}{2} = 0.025$　　95% = 0.95　　$\dfrac{\alpha}{2} = 0.025$

869.67 ≦ 平 均 時 給 ≦ 1092.83

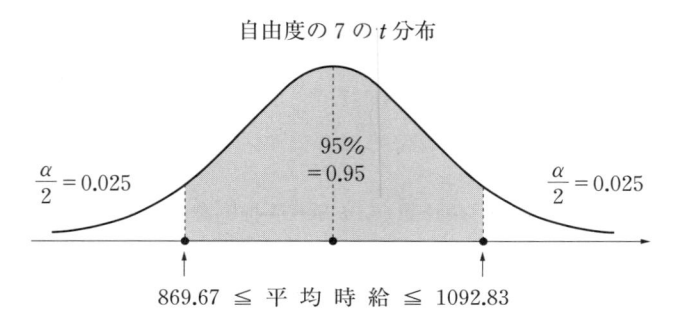

図 9.2　平均時給の 95 ％信頼区間

ということになります．

このデータの場合，出力結果を見ると

標本平均値 $\bar{x} = 981.25$,　　標本標準偏差 $s = 133.463$

となっています．p.154 の t 分布の数表の値は

$$t(7\ ;\ 0.025) = 2.36462$$

ですから，p.173 の公式に代入すると

$$981.25 - 2.36462 \times \dfrac{133.463}{\sqrt{8}} \leqq 平均時給\ \mu \leqq 981.25 + 2.36462 \times \dfrac{133.463}{\sqrt{8}}$$

$$869.67 \leqq 平均時給\ \mu \leqq 1092.83$$

となります．

$t(7 ; 0.025)$ の求め方は p.151〜を確認！

確率	自由度	有意水準	tの値
.975	7	.025	2.36462

Section 9.1　平均値の区間推定をしましょう

演習9

次のデータは乗用車の性能について調査した結果です．

問 9.1 グループ1の平均燃費の信頼係数95％の信頼区間を求めてください．

問 9.2 グループ2の平均燃費を信頼係数95％で区間推定をしてください．

表 9.2

No.	グループ	燃費	排気量	馬力	重量	アクセル
1	1	26	156	92	2620	14
2	1	24	173	110	2725	13
3	1	30	135	84	2385	13
4	1	39	86	64	1875	16
5	1	35	105	63	2215	15
6	1	34	98	65	2045	16
7	1	30	98	65	2380	21
8	1	22	231	110	3415	16
9	1	27	350	105	3725	19
10	1	38	105	63	2125	15
11	1	36	98	70	2125	17
12	1	25	181	110	2945	16
13	2	39	79	58	1755	17
14	2	35	81	60	1760	16
15	2	34	91	68	1985	16
16	2	32	108	75	2350	17
17	2	33	119	100	2615	15
18	2	25	168	116	2900	13
19	2	24	146	120	2930	14
20	2	37	91	68	2025	18
21	2	31	91	68	1970	18
22	2	36	120	88	2160	15
23	2	38	91	67	1995	16
24	2	32	144	96	2665	14

"ケースの選択"（p.36）を利用しましょう

解答

答 9.1 探索的

記述統計

燃費			統計量	標準誤差
	平均値		30.44	1.684
	平均値の 95%信頼区間	下限	26.74	
		上限	34.15	
	5%トリム平均		30.41	
	中央値		29.95	
	分散		34.030	
	標準偏差		5.834	
	最小値		22	
	最大値		39	
	範囲		17	
	4分位範囲		10	
	歪度		.108	.637
	尖度		−1.554	1.232

答 9.2 探索的

記述統計

燃費			統計量	標準誤差
	平均値		33.10	1.329
	平均値の 95%信頼区間	下限	30.17	
		上限	36.03	
	5%トリム平均		33.26	
	中央値		33.50	
	分散		21.207	
	標準偏差		4.605	
	最小値		24	
	最大値		39	
	範囲		15	
	4分位範囲		6	
	歪度		−.833	.637
	尖度		.172	1.232

10章 仮説を検定してみましょう

次のデータは，2か所の水系でとれたイワナの体長です．

表10.1

グループ1	グループ2
利根川水系の イワナの体長 （mm）	信濃川水系の イワナの体長 （mm）
165	180
130	180
182	235
178	270
194	240
206	285
160	164
122	152
212	
165	
247	
195	

2つのグループです

利根川水系と信濃川水系とでは，どちらのイワナが大きいのでしょうか？
それぞれのグループの平均値を求めましょう．

次のようにデータを入力します．

	グループ	体長
1	1	165
2	1	130
3	1	182
4	1	178
5	1	194
6	1	206
7	1	160
8	1	122
9	1	212
10	1	165
11	1	247
12	1	195
13	2	180
14	2	180
15	2	235
16	2	270
17	2	240
18	2	285
19	2	164
20	2	152
21		

行1〜12：利根川のグループ
行13〜20：信濃川のグループ

このように入力してください

5章の探索的を思い出して……

分析(A) ⇨ 記述統計(E) ⇨ 探索的(E) を選択して変数を次のように移動します．

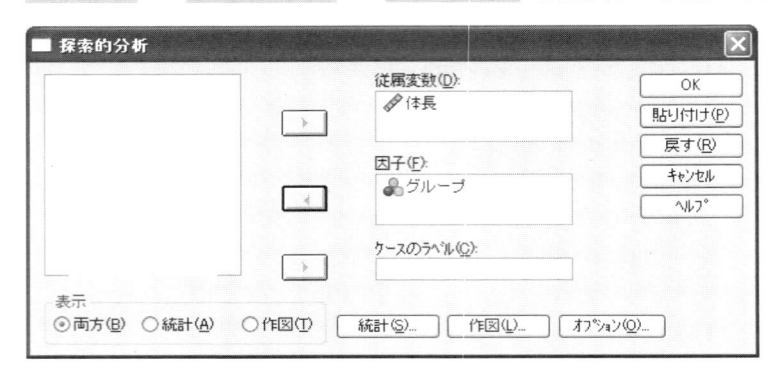

統計(S) をクリックして次のようにチェックし，続行 して OK ．

すると，次のような出力結果を得ます．

記述統計

グループ			統計量	標準誤差
体長 1	平均値		179.67	10.049
	平均値の95%信頼区間	下限	157.55	
		上限	201.79	
	5%トリム平均		179.13	
	中央値		180.00	
	分散		1211.879	
	標準偏差		34.812	
	最小値		122	
	最大値		247	
	範囲		125	
	4分位範囲		42	
	歪度		.092	.637
	尖度		.217	1.232
2	平均値		213.25	17.901
	平均値の95%信頼区間	下限	170.92	
		上限	255.58	
	5%トリム平均		212.67	
	中央値		207.50	
	分散		2563.643	
	標準偏差		50.632	
	最小値		152	
	最大値		285	
	範囲		133	
	4分位範囲		95	
	歪度		.233	.752
	尖度		-1.769	1.481

この2つの平均値を比べると信濃川水系のイワナの方が大きいようですね．

しかし，この値は12匹と8匹の標本平均です．

実際にはもっとたくさんのイワナがいるはず．

このようなときは，次の仮説の検定をしてみましょう．

　　　　仮説 H_0：2つの水系のイワナの平均体長は同じです

この平均体長は標本平均のことではありません．次の図を見てみましょう．

【仮説の検定のしくみ】

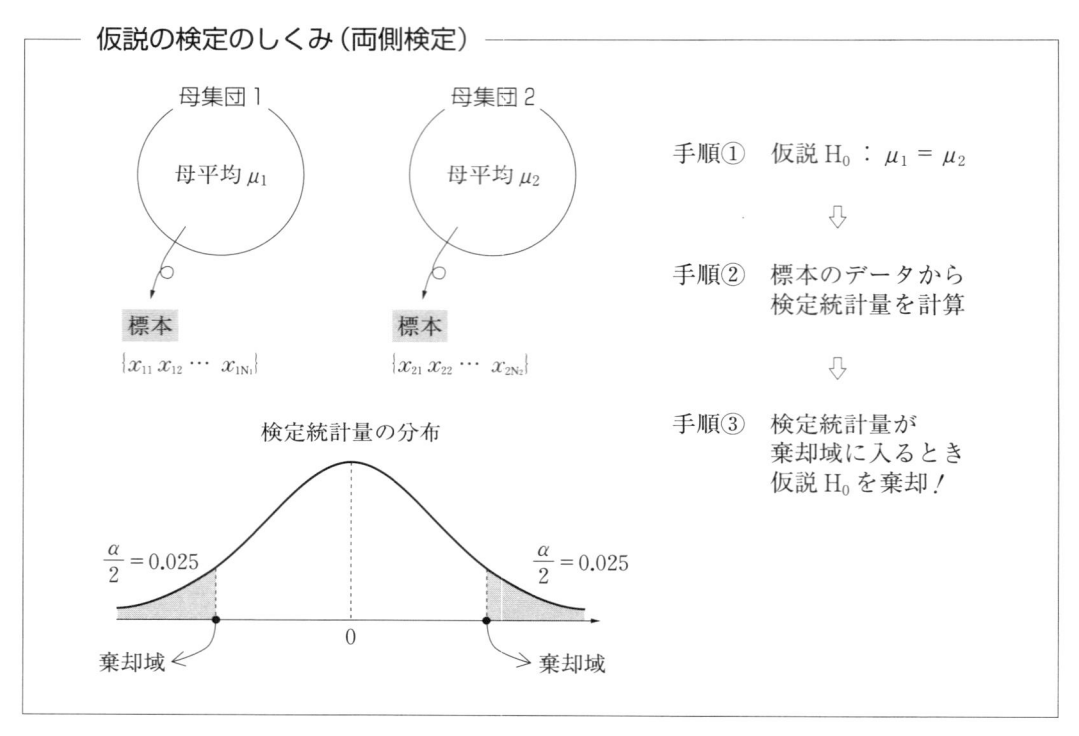

```
┌─ 仮説の検定のしくみ（両側検定）─────────────────┐
│                                                        │
│    母集団1        母集団2                              │
│   ( 母平均μ₁ )   ( 母平均μ₂ )   手順①  仮説 H₀：μ₁ = μ₂ │
│                                          ⇩             │
│                                                        │
│    標本           標本           手順②  標本のデータから│
│  {x₁₁ x₁₂ … x₁N₁} {x₂₁ x₂₂ … x₂N₂}       検定統計量を計算│
│                                          ⇩             │
│          検定統計量の分布        手順③  検定統計量が    │
│              ∩                         棄却域に入るとき │
│             ╱ ╲                         仮説 H₀ を棄却！│
│    α/2=0.025     α/2=0.025                             │
│         0                                              │
│  棄却域 ←         → 棄却域                             │
└────────────────────────────────────────┘
```

図10.1　ひとめでわかる仮説の検定のしくみ（両側検定）

この検定をすると，2つの水系のイワナの母平均体長に差があるかどうかを調べることができます．この検定を，

　　　　2つの母平均の差の検定

といいます．

つまり，検定とは次の3つの手順のことになります．

　　手順①　仮説 H_0 をたてます
　　手順②　検定統計量を計算します
　　手順③　検定統計量が棄却域に含まれたら，仮説 H_0 を棄てます

ところで，仮説が棄てられると，どうなるのでしょうか？

仮説 H_0 が棄てられると，次の対立仮説 H_1 を採用します．
この対立仮説には，3つのタイプがあります．

（Ⅰ）対立仮説 H_1：2つの水系のイワナの平均体長に差がある　　←両側検定の場合

（Ⅱ）対立仮説 H_1：利根川水系のイワナの平均体長のほうが
　　　　　　　　　　信濃川水系のイワナの平均体長より大きい　　←片側検定の場合

（Ⅲ）対立仮説 H_1：利根川水系のイワナの平均体長より
　　　　　　　　　　信濃川水系のイワナの平均体長のほうが大きい　　←片側検定の場合

> 片側検定については
> 『入門はじめての統計解析』p.162 を
> 参照してください．
> 片側検定の場合
> この仮説 H_0 は棄却されます

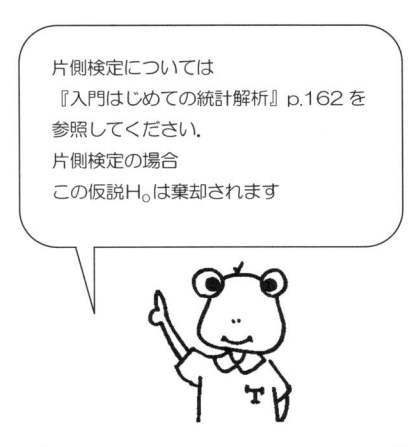

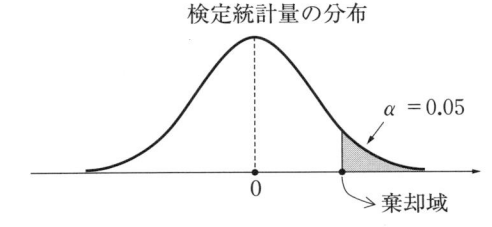

図 10.2　（Ⅱ）対立仮説の場合 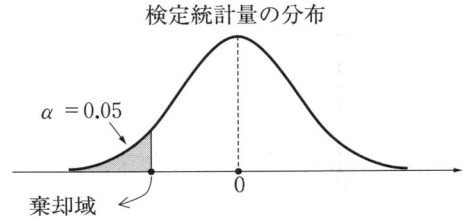　　　**図 10.3　（Ⅲ）対立仮説の場合**

Section 10.1　2つの平均値の差の検定をしましょう

手順① データを入力するときは，グループ変数が必要になります．

利根川のグループを1，信濃川のグループを2

として，次のように入力しましょう．

	水系	体長	var
1	1	165	
2	1	130	
3	1	182	
4	1	178	
5	1	194	
6	1	206	
7	1	160	
8	1	122	
9	1	212	
10	1	165	
11	1	247	
12	1	195	
13	2	180	
14	2	180	
15	2	235	
16	2	270	
17	2	240	
18	2	285	
19	2	164	
20	2	152	
21			

SPSSの場合は，くれぐれも

利根川	信濃川
⋮	⋮
⋮	⋮

のように入力しないでネッ！

このように
グループ変数を
用意しましょう

手順② 次に，分析(A) のメニューの中から，平均の比較(M) を選択，そして
サブメニューの中から 独立したサンプルのt検定(T) を選択．

	水系	体長
1	1	165
2	1	130
3	1	182
4	1	178
5	1	194
6	1	206
7	1	160
8	1	122
9	1	212
10	1	165
11	1	247
12	1	195

手順③ 検定変数(T) の中へ体長を，グループ化変数(G) の中へ水系を
移動します．

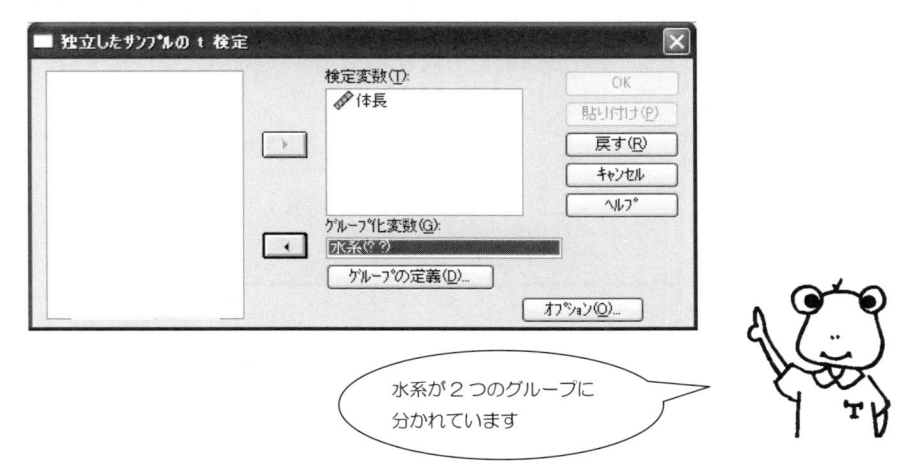

水系が2つのグループに分かれています

Section 10.1 2つの平均値の差の検定をしましょう

手順④　　グループの定義(D) をクリック．次のように入力して 続行 ．

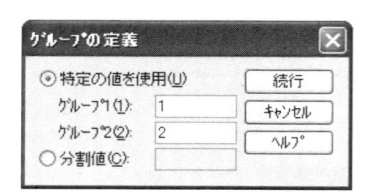

```
グループの定義
◉ 特定の値を使用(U)        続行
  グループ1(1):  1          キャンセル
  グループ2(2):  2          ヘルプ
○ 分割値(C):
```

　　　　　　　1＝利根川
　　　　　　　2＝信濃川

手順⑤　　グループ化変数(G) が水系（1　2）となったら，
　　　　あとは OK ボタンをマウスでカチッ！

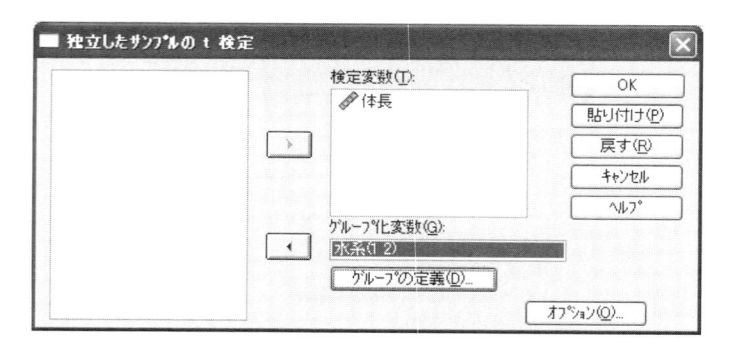

```
■ 独立したサンプルの t 検定
                検定変数(T):           OK
                 ⌀ 体長              貼り付け(P)
                                     戻す(R)
           ▶                         キャンセル
                                     ヘルプ
                グループ化変数(G):
           ◀     水系(1 2)
                グループの定義(D)...
                               オプション(O)...
```

【SPSSによる出力】

出力結果は次のようになりました．

独立サンプルの検定

		等分散性のための Levene の検定		2つの母平均の差の検定		
		F 値	有意確率	t 値	自由度	有意確率（両側）
体長	等分散を仮定する。	3.804	.067	−1.765	18	.095
	等分散を仮定しない。			−1.636	11.388	.129

【出力結果の読み取り方】

さて，検定統計量はt値のところを見ると−1.765になっています．

この検定統計量は棄却域に含まれているのでしょうか？

このときの棄却域は

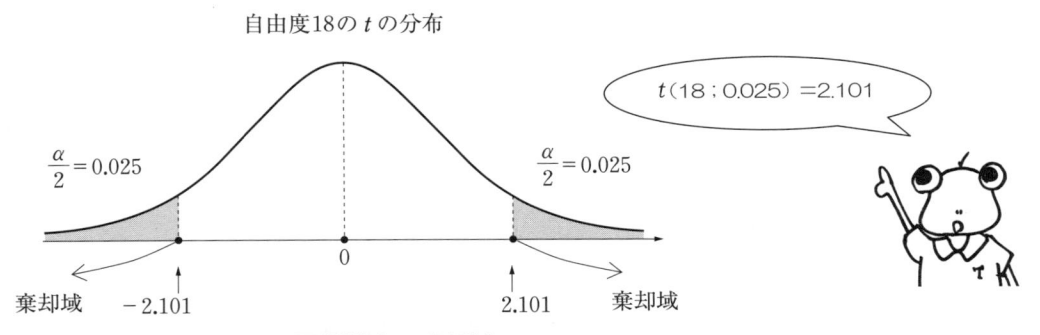

自由度18のtの分布

$\frac{\alpha}{2}=0.025$　$\frac{\alpha}{2}=0.025$

$t(18\,;\,0.025)=2.101$

棄却域　−2.101　　　2.101　棄却域

図10.4　両側検定の棄却域

となりますから

$$\text{検定統計量}-1.765 > \text{棄却限界}-2.101$$

なので，検定統計量は棄却域に入っていません．したがって仮説H_0は棄てられません．

つまり，

"利根川水系のイワナと信濃川水系のイワナの平均体長に差があるとはいえない"

ということになりました．

ところで，SPSSの出力結果を見ると右のほうに

$$\text{有意確率（両側）} = 0.095$$

というのがあります！

この意味は，次の図を見るとすぐにわかります．

自由度18の t 分布

両方の確率の合計
有意確率 0.095

検定統計量　−1.765　　0　　1.765

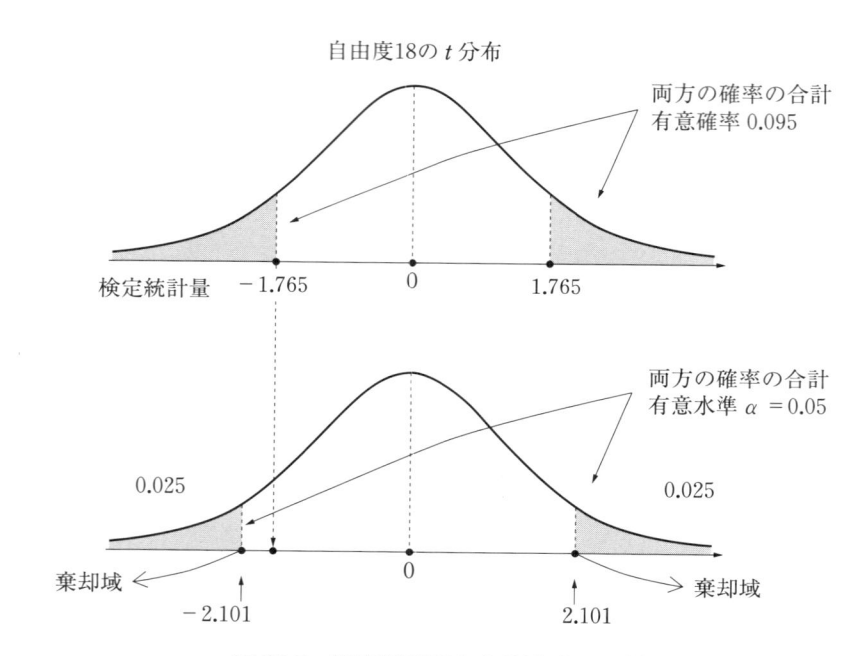

両方の確率の合計
有意水準 $\alpha = 0.05$

0.025　　　　　　　　　　0.025

棄却域 ←　　　　0　　　　→ 棄却域
　　　−2.101　　　　2.101

図 10.5　検定統計量と有意確率の関係

> これは両側検定の場合です

したがって，仮説 H_0 が棄てられるかどうかは，次の1または2

1. 検定統計量が棄却域に含まれる
2. 有意確率が 0.05（＝有意水準 α）より小さい

のどちらかで判定することができます．

> もちろん，2のほうがカンタンですね！

このデータは

$$\text{有意確率 } 0.095 > \text{有意水準 } 0.05$$

なので，仮説 H_0 は棄てられません．

自由度18の t 分布

有意確率 $\dfrac{0.095}{2}$

検定統計量 -1.765

有意水準 0.05

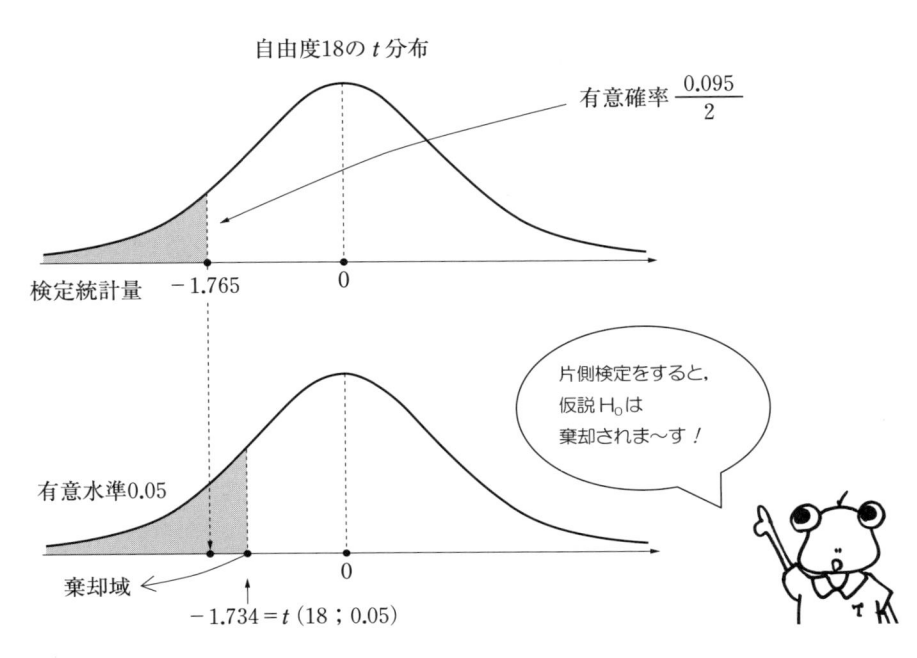

棄却域

$-1.734 = t(18;0.05)$

> 片側検定をすると，仮説 H_0 は棄却されま〜す！

図 10.6　検定統計量と棄却域（片側の場合）

演習10

次のデータは,タバコを吸う学生10人とタバコを吸わない学生10人に対しておこなった血圧測定の結果です.

このとき,次の仮説の検定をしてください.(両側検定)

仮説　　　H_0:タバコを吸う学生と吸わない学生の血圧は同じである

対立仮説 H_1:タバコを吸う学生と吸わない学生の血圧は異なる

表10.2　喫煙と血圧

No.	タバコを吸う学生	No.	タバコを吸わない学生
1	160	1	120
2	143	2	94
3	132	3	103
4	138	4	132
5	110	5	114
6	135	6	102
7	160	7	128
8	169	8	114
9	143	9	135
10	135	10	122

データの入力に注意してね!

解答

独立サンプルの検定

		等分散性のための Levene の検定		2 つの母平均の差の検定		
		F 値	有意確率	t 値	自由度	有意確率（両側）
血圧	等分散を仮定する。	.134	.719	3.783	18	.001
	等分散を仮定しない。			3.783	17.163	.001

このとき，両側検定の棄却域は次のようになっています．

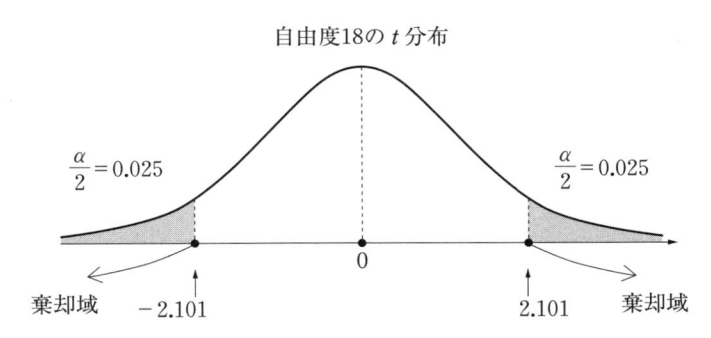

自由度18の t 分布

$\dfrac{\alpha}{2} = 0.025$　　　　　$\dfrac{\alpha}{2} = 0.025$

棄却域　−2.101　　0　　2.101　棄却域

図 10.7　有意水準と棄却域

検定統計量 3.783 ≧ 棄却限界 2.101

なので，仮説 H_0 は棄てられます．

したがって，

　　　"タバコを吸う学生とタバコを吸わない学生とでは血圧に差がある"

ことがわかります．

有意確率と有意水準 $\alpha = 0.05$ を比較して

　　　有意確率 0.01 ≦ 有意水準 0.05 より，仮説 H_0 は棄てられる

と結論づけてもいいですね！

演習 10　193

11章 クロス集計表はアンケートの後で

次のようなアンケート調査を，女子大生19人に対しておこないました．

表 11.1　アンケート調査票

問1．　あなたの出身地は？
　　　（イ）大都市　　（ロ）地方都市
問2．　何かスポーツをしていますか．
　　　（イ）よくする　（ロ）時々する　（ハ）あまりしない
問3．　野菜は好きですか．
　　　（イ）好き　（ロ）嫌い
問4．　タンパク質は好きですか．
　　　（イ）好き　（ロ）嫌い
問5．　牛乳をよく飲みますか．
　　　（イ）よく飲む　（ロ）時々飲む　（ハ）あまり飲まない

アンケート調査は大切よ！

その結果を，次のようにSPSSのデータビューに入力しました．

ところで……

	氏名	出身地	スポーツ	野菜	タンパク	牛乳	var
1	後田恵子	大都市	あまり	好き	好き	よく飲む	
2	飯高千春	大都市	あまり	好き	嫌い	時々飲む	
3	久保七重	地方都市	時々する	好き	好き	時々飲む	
4	岩崎小夜子	地方都市	よくする	嫌い	好き	時々飲む	
5	岡崎美樹	大都市	時々する	好き	嫌い	あまり	
6	田岡綾子	地方都市	時々する	好き	好き	時々飲む	
7	押尾美砂	大都市	あまり	好き	好き	時々飲む	
8	中沢理恵子	大都市	よくする	嫌い	好き	時々飲む	
9	角田美也子	大都市	あまり	好き	好き	よく飲む	
10	田島育代	地方都市	よくする	好き	好き	時々飲む	
11	末吉麻由美	大都市	あまり	好き	好き	時々飲む	
12	久米有利	大都市	時々する	好き	好き	時々飲む	
13	鶴岡弓子	大都市	よくする	好き	好き	時々飲む	
14	沢木多賀子	地方都市	あまり	好き	嫌い	よく飲む	
15	中村貴美	大都市	よくする	嫌い	好き	よく飲む	
16	御薗純子	大都市	時々する	好き	嫌い	時々飲む	
17	宮口康江	地方都市	よくする	好き	好き	時々飲む	
18	小川真理子	地方都市	時々する	好き	好き	時々飲む	
19	奥田彩子	大都市	よくする	好き	好き	よく飲む	
20							

ラベルを利用した
ほうがカンタンよ！
p.8 を見てネッ！

Section 11.1　クロス集計表を作りましょう

次のような表をクロス集計表，または分割表といいます．

表 11.2　ワインとチーズの関連は？

	チーズが好き	チーズがきらい
ワインが好き		
ワインがきらい		

これが2×2クロス集計表で〜す

ここでは，表 11.1 のスポーツとタンパク質について，クロス集計表を作ってみましょう．次の手順でおこないます．

手順 1　分析(A) のメニューから，記述統計(E) ⇨ クロス集計表(C) を選択．

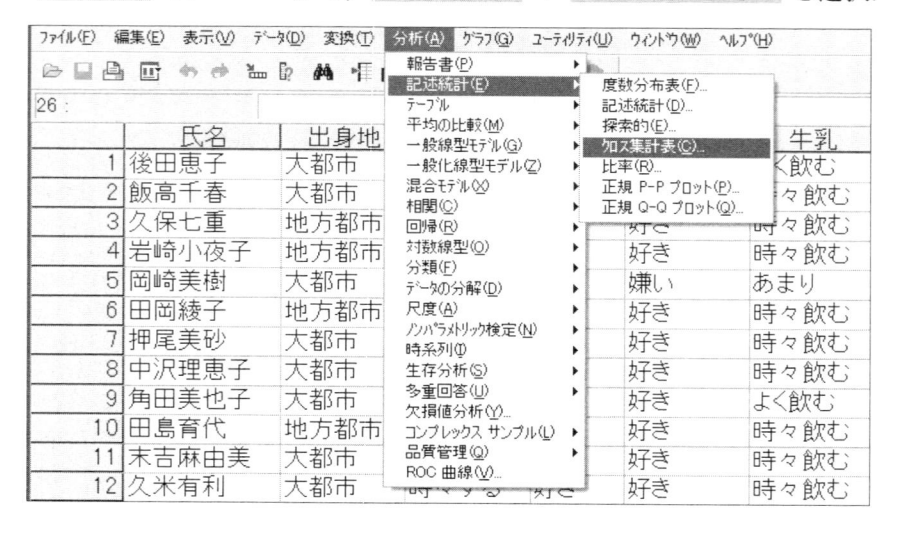

手順2 次の画面になったら，タンパクを 行(O) に，スポーツを 列(C) のワクの中へ移動しましょう．そして， OK をクリック．

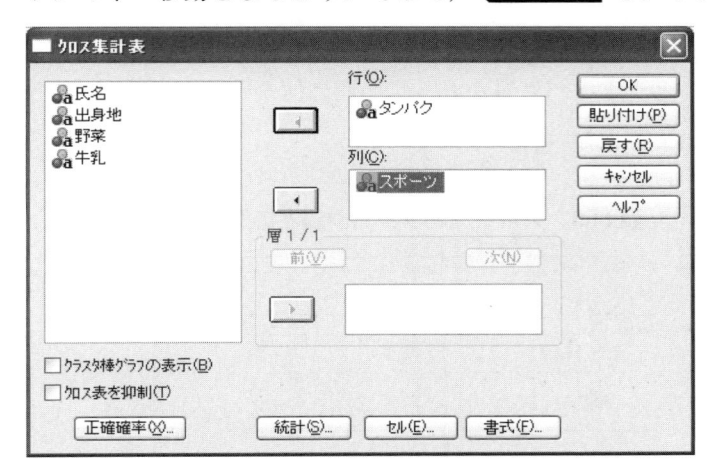

【SPSSによる出力】

しばらくすると，次のようなクロス集計表が出力されます．

クロス集計表

タンパク と スポーツ のクロス表

度数

		スポーツ			合計
		あまり	よくする	時々する	
タンパク	嫌い	2	0	2	4
	好き	4	7	4	15
合計		6	7	6	19

これは
2×3クロス集計表です．
SPSSだとクロス集計表も
とってもカンタンネ

Section 11.2　独立性の検定をしてみましょう

"スポーツが好き"と"タンパク質が好き"の間に何か関連があるのでしょうか？クロス集計表を次のように並べ替えてみましょう．

表11.3　スポーツとタンパク質との関連

タンパク質＼スポーツ	よくする	時々	あまり
好き	7	4	4
嫌い	0	2	2

このクロス集計表を見ていると，

"スポーツをよくする女子大生はタンパク質も大好き"

のように見えます．

"スポーツが好き"と"タンパク質が好き"の2つの属性の間には，何か関連があるのかもしれません．

このようなときは

"独立性の検定"

をしてみましょう．

独立性の検定とは，

"2つの属性の間に関連があるかどうか"

を調べるための検定です．

> 詳しくは
> 『入門はじめての統計解析』
> p.202 を参照してください

手順1　分析(A) のメニューから，記述統計(E) ⇨ クロス集計表(C) を選択．
　　　　▶を使って 行(O) にタンパクを，列(C) にスポーツを移動させます．
　　　　そして，画面左下の 統計(S) をクリックしてみましょう．

手順2　次の画面の左上に カイ2乗(H) がありますから，ここをチェックします．
　　　　そして，続行．
　　　　手順1 の画面に戻ったら，あとは OK ボタンをマウスでカチッ！

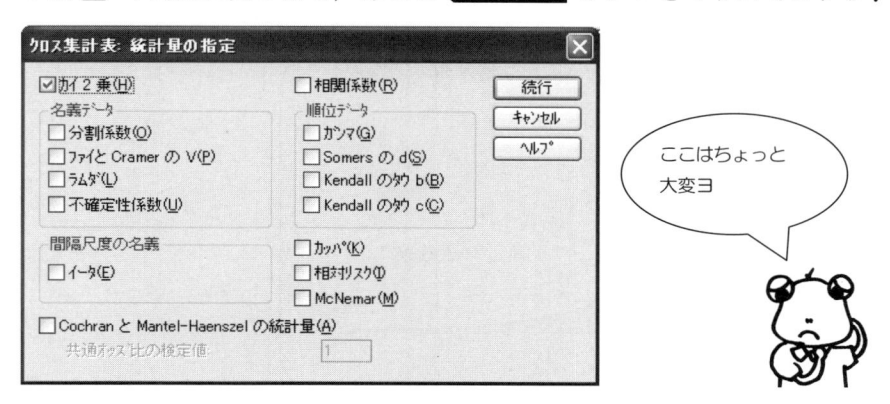

ここはちょっと大変ヨ

しばらくすると，次のようにカイ2乗検定が出力されます．

クロス集計表

カイ2乗検定

	値	自由度	漸近有意確率（両側）
Pearson のカイ2乗	2.956[a]	2	.228
尤度比	4.280	2	.118
有効なケースの数	19		

a. 5 セル (83.3%) は期待度数が 5 未満です。最小期待度数は 1.26 です。

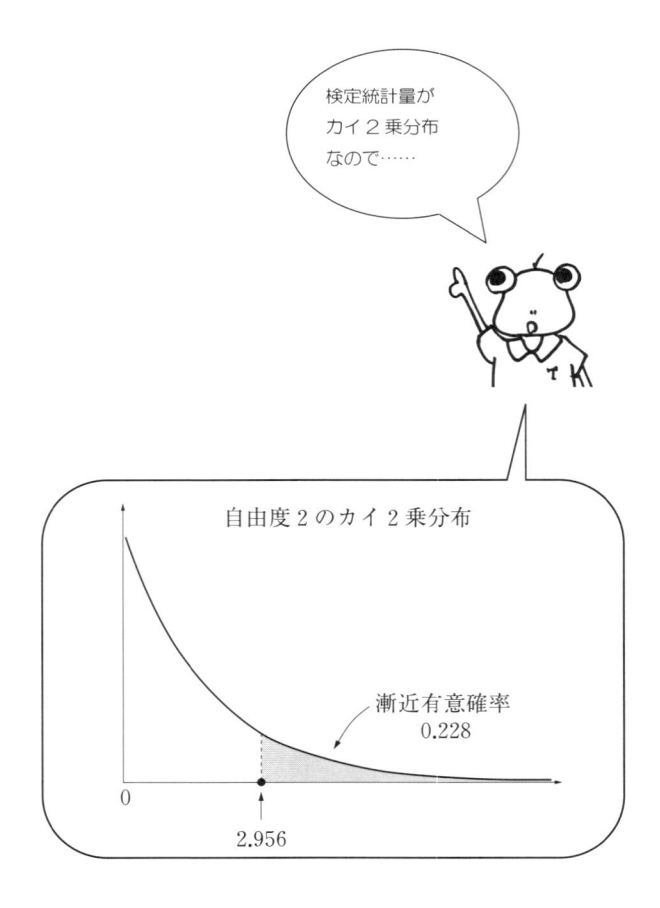

> 検定統計量が
> カイ2乗分布
> なので……

自由度2のカイ2乗分布

漸近有意確率
0.228

2.956

【出力結果の読み取り方】

この結果の読み取り方はカンタンです!!

仮説は次のようになります.

$$仮説 H_0:スポーツとタンパク質の間に関連はない$$

この仮説に対して,漸近有意確率のところを見ると

$$漸近有意確率 0.228 > 有意水準 0.05$$

となっています.

有意確率が有意水準 $\alpha = 0.05$ より大きいので仮説は棄てられませんね.

したがって,スポーツとタンパク質の間にはあまり関連はなさそうです.

> この仮説 H_0 が棄却されると
> "2つの属性 A,B の間に関連あり"
> となります

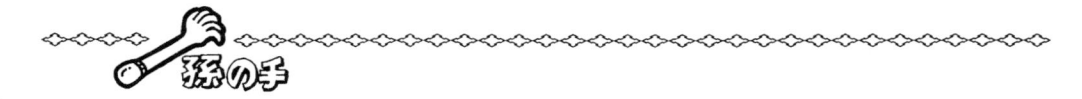

――― 孫の手 ―――

実は,このデータの場合,独立性の検定をするには少し問題があります.というのもデータ数が少ないので独立性の検定のために必要な条件(期待度数が5以上)が満たされていないのです.このようなときのために,SPSSの正確確率検定(オプション)が用意されています.

演習11

次のデータは，アメリカのある企業における従業員のファイルです．

問 11.1 職種と性別のクロス集計表を作成してください．

問 11.2 職種と性別の間に何か関連はありますか？ 独立性の検定をしてみてください．

表11.4 アメリカ企業の従業員調査

No.	性別	就学年数	職種	給与	人種
1	男性	15	管理	57000	白人
2	男性	16	事務	40200	白人
3	女性	12	事務	21450	白人
4	女性	8	事務	21900	白人
5	男性	15	警備	45000	白人
6	男性	15	事務	32100	白人
7	男性	15	管理	36000	白人
8	女性	12	警備	21900	白人
9	女性	15	事務	27900	白人
10	女性	12	管理	24000	白人
11	女性	16	事務	30300	白人
12	男性	8	警備	28350	その他
13	男性	15	事務	27750	その他
14	女性	15	事務	35100	その他
15	男性	12	事務	27300	白人
16	男性	12	事務	40800	白人
17	男性	15	事務	46000	白人
18	女性	16	管理	103750	白人
19	男性	12	事務	42300	白人
20	男性	12	警備	26250	白人
21	女性	16	警備	38850	白人
22	男性	12	事務	21750	その他
23	女性	15	事務	24000	その他
24	女性	12	警備	16950	その他
25	女性	15	事務	21150	その他
26	男性	15	事務	31050	白人
27	男性	19	管理	60375	白人
28	男性	15	事務	32550	白人

No.	性別	就学年数	職種	給与	人種
29	男性	19	管理	135000	白人
30	男性	15	事務	31200	白人
31	男性	12	事務	36150	白人
32	女性	19	管理	110625	白人
33	男性	15	事務	42000	白人
34	男性	19	管理	92000	白人
35	男性	17	管理	81250	白人
36	女性	8	事務	31350	白人
37	男性	12	事務	29100	その他
38	男性	15	事務	31350	その他
39	男性	16	警備	36000	その他
40	女性	15	事務	19200	その他
41	男性	12	警備	23500	その他
42	男性	15	事務	35100	白人
43	男性	12	事務	23250	白人
44	男性	8	事務	29250	白人
45	男性	12	警備	30750	白人
46	女性	15	事務	22350	白人
47	女性	12	事務	30000	白人
48	男性	12	警備	30750	白人
49	男性	15	事務	34800	白人
50	男性	16	管理	60000	白人
51	男性	12	事務	35550	白人
52	男性	15	警備	45150	白人
53	男性	18	管理	73750	白人
54	男性	12	事務	25050	白人
55	男性	12	事務	27000	白人
56	男性	15	事務	26850	白人
57	男性	15	事務	33900	白人
58	女性	15	警備	26400	白人
59	男性	15	事務	28050	その他
60	男性	12	事務	30900	その他
61	男性	8	事務	22500	その他
62	女性	16	管理	48000	白人
63	男性	17	管理	55000	白人
64	男性	16	管理	53125	白人
65	男性	8	事務	21900	白人
66	女性	19	管理	78125	白人
67	男性	16	管理	46000	白人
68	女性	16	管理	45250	白人
69	男性	16	管理	56550	白人
70	男性	15	事務	41100	白人

解答

答 11.1　クロス集計表

職種 と 性別 のクロス表

度数

		性別 女性	性別 男性	合計
職種	管理職	6	12	18
	警備職	4	8	12
	事務職	11	29	40
合計		21	49	70

答 11.2　クロス集計表

カイ2乗検定

	値	自由度	漸近有意確率（両側）
Pearson のカイ2乗	.278[a]	2	.870
尤度比	.277	2	.871
有効なケースの数	70		

a. 1 セル (16.7%) は期待度数が 5 未満です。最小期待度数は 3.60 です。

＜ちょっと問題があります＞

漸近有意確率 0.870 が有意水準 0.05 より大きいので，仮説 H_0 は棄てられません．したがって，職種と性別の間に関連があるとはいえません．しかしながら……　この有意確率には少し問題があります．

【独立性の検定に関する注意!!】

実は独立性の検定のときは，期待度数が5以上という条件が付きます．
このデータは最小の期待度数が3.60なので，その条件を満たしていません．

このようなときのために，SPSSでは正確確率検定（オプション）が用意されています．
正確確率検定（Exact test）による出力結果は，次のようになります．

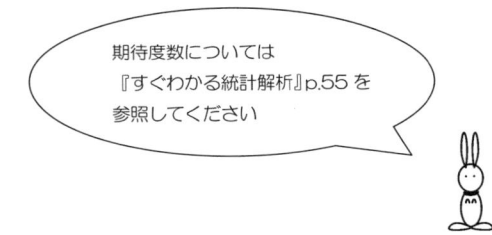

> 期待度数については
> 『すぐわかる統計解析』p.55を
> 参照してください

クロス集計表

カイ2乗検定

	値	自由度	漸近有意確率（両側）	正確有意確率（両側）
Pearson のカイ2乗	.278[a]	2	.870	.879
尤度比	.277	2	.871	.879
Fisher の直接法	.427			.820
有効なケースの数	70			

a. 1 セル (16.7%) は期待度数が 5 未満です．最小期待度数は 3.60 です．

正確確率検定をすると

$$\text{正確有意確率} \, 0.879 > \text{有意水準} \, 0.05$$

なので，仮説 H_0 は棄てられません．

したがって，職種と性別の間に関連があるとはいえません．
有意確率の値は少し異なりましたが，同じ結論になりました．

12章 分散分析表って，何？

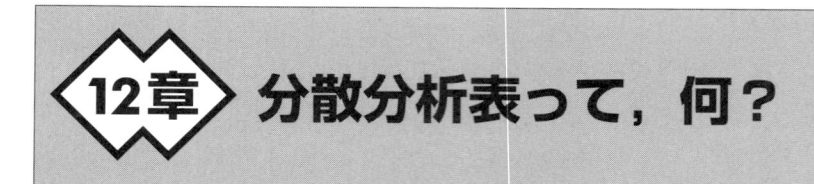

次のデータは，5つのグループに対して，3匹のアフリカツメガエルの表皮細胞分裂の割合を，それぞれ測定したものです．

表12.1 アフリカツメガエルの表皮細胞分裂の割合

発生ステージ	表皮細胞分裂の割合（％）		
ステージ51	12.2	18.8	18.2
ステージ55	22.2	20.5	14.6
ステージ57	20.8	19.5	26.3
ステージ59	26.4	32.6	31.3
ステージ61	24.5	21.2	22.4

↑『入門はじめての分散分析と多重比較』p.36

このデータを使って，分散分析表を作ってみましょう．

分散分析表は

1. 1元配置の分散分析表
2. 重回帰分析の分散分析表
   ⋮

など，多くの統計手法の中で分散分析表が使われています．

分散分析表の基本形は

変動	平方和	自由度	平均平方	F 値

のような形をしています．

1. １元配置の分散分析表では……

変動	平方和	自由度	平均平方	F 値
グループ間				
グループ内				

2. 重回帰分析の分散分析表では……

変動	平方和	自由度	平均平方	F 値
回帰による				
誤差による				

どうもピンとこないわ!?

つまり統計手法によって，取り扱う変動の種類が異なるわけですね．

この分散分析表で一番大切なところは F 値です．この F 値は仮説の検定で登場した検定統計量の一種です．したがって，検定のための３つの手順

　　手順①　仮説 H_0 を立てます
　　手順②　検定統計量を計算します
　　手順③　検定統計量が棄却域に含まれるかどうかを調べます

のうち，②番目の値を求めていることになります．

Section 12.1　1元配置の分散分析表を作ってみましょう

表 12.1 のデータで問題になっていることは

　　　　"5つのステージ間で細胞分裂に差があるかどうか？"

という点です．

このようなときには，1元配置の分散分析をおこないます．

この手法は差の検定の一種なので，10章で学んだ2つの平均値の差の検定を5つのグループに一般化したものと考えられます．

手順 1　次のように表 12.1 のデータを入力してください．グループが5つに分かれていますから，グループ変数を1つ，用意しましょう．

	グループ	細胞分裂	var
1	1	12.2	
2	1	18.8	
3	1	18.2	
4	2	22.2	
5	2	20.5	
6	2	14.6	
7	3	20.8	
8	3	19.5	
9	3	26.3	
10	4	26.4	
11	4	32.6	
12	4	31.3	
13	5	24.5	
14	5	21.2	
15	5	22.4	
16			

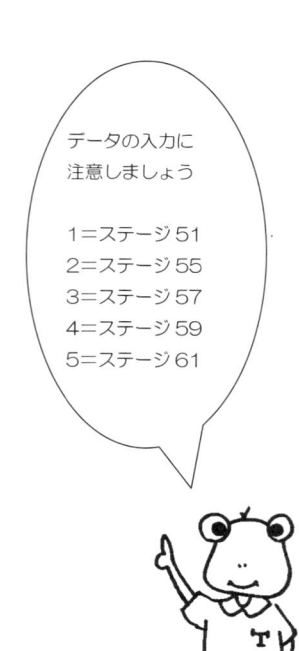

↑ これがグループ変数で〜す

データの入力に注意しましょう

1＝ステージ 51
2＝ステージ 55
3＝ステージ 57
4＝ステージ 59
5＝ステージ 61

手順②　分析(A) のメニューから，平均の比較(M) ⇨ 一元配置分散分析(O) を選択．

	グループ	細胞分裂
1	1	12.2
2	1	18.8
3	1	18.2
4	2	22.2
5	2	20.5
6	2	14.6
7	3	20.8
8	3	19.5
9	3	26.3
10	4	26.4
11	4	32.6
12	4	31.3

手順③　従属変数リスト(E) の中に細胞分裂を，因子(F) の中へグループを移動して，OK ボタンをマウスでカチッ！

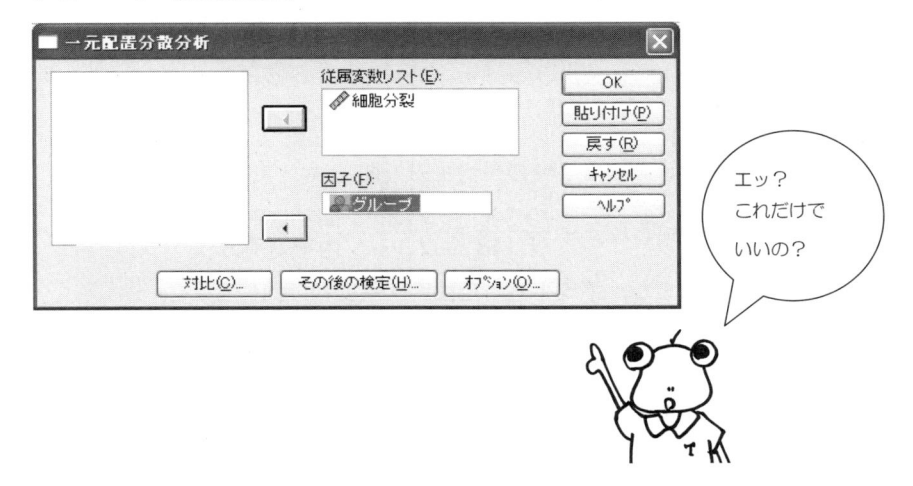

エッ？これだけでいいの？

Section 12.1　1元配置の分散分析表を作ってみましょう

【SPSSによる出力】

しばらくすると，次の分散分析表が出力されます．

一元配置分析

分散分析

細胞分裂

	平方和	自由度	平均平方	F 値	有意確率
グループ間	317.580	4	79.395	7.122	.006
グループ内	111.480	10	11.148		
合計	429.060	14			

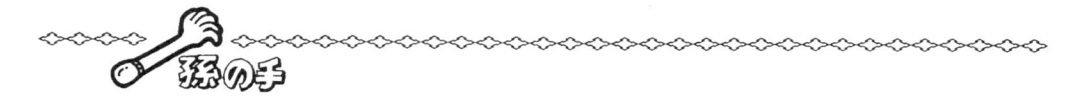

手順は
カンタン
だけど…

分散分析表の検定統計量 F 値と 2 つの平均平方の間には

$$F 値 = 7.122 = \frac{79.395}{11.148} = \frac{グループ間平均平方}{グループ内平均平方}$$

という関係があります．また，平均平方，自由度，平方和の間にも

$$平均平方 = 79.395 = \frac{317.58}{4} = \frac{平方和}{自由度}$$

の関係があります．詳しくは『入門はじめての分散分析と多重比較』第 2 章を参照してください．

【出力結果の読み取り方】

この検定の仮説 H_0 はどうなっているのでしょうか？

仮説 H_0：5つのグループ間の細胞分裂に差はない

これが1元配置の分散分析の仮説です．

この棄却域は次のようになります．

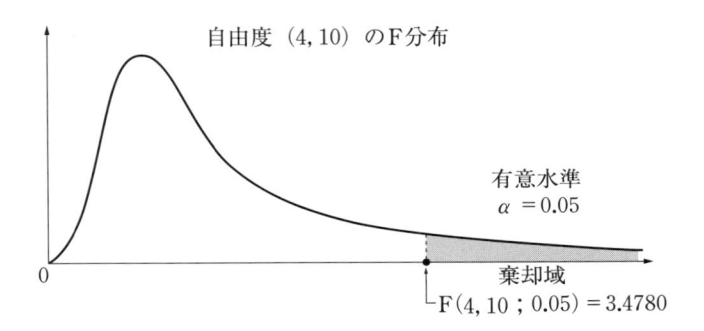

自由度 (4, 10) のF分布

有意水準 $\alpha = 0.05$

棄却域

$F(4, 10 ; 0.05) = 3.4780$

図 12.1　F分布の棄却域

したがって

検定統計量 $7.122 \geqq$ 棄却限界 3.478

なので，仮説 H_0 は棄却されます．つまり，5つのグループ間の細胞分裂に差があることがわかりました．

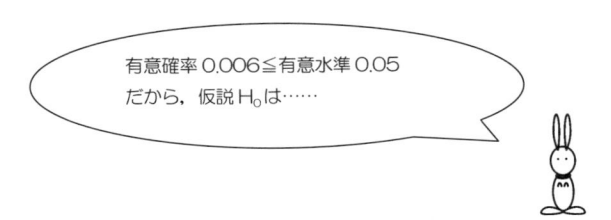

> 有意確率 0.006 ≦ 有意水準 0.05 だから，仮説 H_0 は……

Section 12.2　重回帰分析の分散分析表をながめてみましょう

次のデータはセラミックスを製造するときの温度，時間，その条件のもとでのセラミックス結晶面の配向度を測定したものです．

表 12.2

配向度	温度	時間
36	1700	30
39	1800	25
44	1800	20
44	1850	30
59	1900	10
51	1930	10

	配向度	温度	時間	var
1	36	1700	30	
2	39	1800	25	
3	44	1800	20	
4	44	1850	30	
5	59	1900	10	
6	51	1930	10	
7				

データはこのように入力します

このデータの場合，知りたいことは，"どの温度"で"どのような圧力"をかけると"どのような配向度"になるのか予測したいということです．

そこで，重回帰分析を利用して

$$\boxed{配向度} = b_1 \times \boxed{温度} + b_2 \times \boxed{時間} + b_0$$

のような重回帰式を求めます．

このとき問題になるのが，求めた重回帰式は予測に役立つかどうかという点です．

この問題を調べる方法として，分散分析表が使われます．

手順 1　分析(A) のメニューの中から，回帰(R) ⇨ 線型(L) を選択します．

手順 2　あとは，配向度を 従属変数(D) のワクへ，温度と時間を 独立変数(I) のワクの中へ移動して，OK ボタンをマウスでカチッ！

Section 12.2　重回帰分析の分散分析表をながめてみましょう

【SPSSによる出力】

すると，次のような分散分析表が出力されます．

回帰

分散分析[b]

モデル		平方和	自由度	平均平方	F 値	有意確率
1	回帰	290.569	2	145.285	7.396	.069[a]
	残差	58.931	3	19.644		
	全体	349.500	5			

a. 予測値:(定数)、時間, 温度。
b. 従属変数: 配向度

【出力結果の読み取り方】

この分散分析表は，次の仮説の検定統計量とその有意確率を求めています．

仮説 H_0：求めた重回帰式は配向度の予測に役立たない

有意確率のところを見ると

有意確率 0.069 ＞有意水準 0.05

なので，仮説 H_0 は棄却されません．

したがって，求めた重回帰式は予測に役立つとはいえません．

分散分析表は簡単ではありません．でも，統計解析の次のステップに進むためには，分散分析表は不可欠です．

ぜひ，がんばって自由に使いこなせるようになりたいですね!!

手順はカンタンだけど…

演習12

次のデータは，3種類の食用油を使用したときの脂肪を測定した値です．

1元配置の分散分析表を作ってください．

表12.3

食用油	脂肪
ピーナッツ油	64
	72
	68
	77
	56
	95
ラード	78
	91
	97
	82
	85
	77
コーン油	55
	66
	49
	64
	70
	68

解答 一元配置分析

分散分析

	平方和	自由度	平均平方	F値	有意確率
グループ間	1596.000	2	798.000	7.824	.005
グループ内	1530.000	15	102.000		
合計	3126.000	17			

13章 時系列データはなめらかに！

次のデータは，あるテレビ番組の視聴率の変化を調査したものです．

表13.1　あるテレビ番組の視聴率

年	視聴率	年	視聴率
1年目	80.4%	14年目	72.0%
2年目	81.4%	15年目	74.6%
3年目	72.0%	16年目	77.0%
4年目	78.1%	17年目	72.2%
5年目	74.0%	18年目	77.0%
6年目	76.7%	19年目	71.1%
7年目	76.9%	20年目	74.9%
8年目	69.7%	21年目	69.9%
9年目	77.0%	22年目	74.2%
10年目	78.1%	23年目	78.1%
11年目	80.6%	24年目	66.0%
12年目	75.8%	25年目	59.4%
13年目	74.8%	26年目	63.1%

このデータのように，

　　　　"時間と共に変わるデータ"

を時系列データといいます．

視聴率の折れ線グラフを描いてみましょう．

折れ線グラフは3章で勉強しました！

手順[1]　折れ線グラフを描くときは，グラフ(G) の レガシーダイアログ(L) から
折れ線(L) を選択でしたね．

	年	視聴率
1	1年目	80.4
2	2年目	81.4
3	3年目	72.0
4	4年目	78.1
5	5年目	74.0
6	6年目	76.7
7	7年目	76.9
8	8年目	69.7
9	9年目	77.0
10	10年目	78.1

手順[2]　次の画面になったら，各ケースの値(I) を選択して 定義 をクリック．

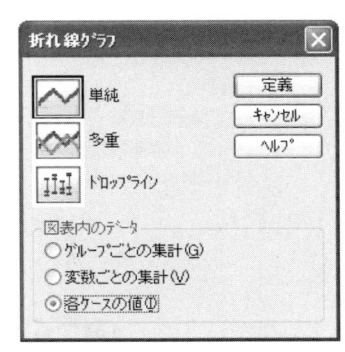

手順 3　視聴率を 線の表現内容(L) のワクへ，カテゴリラベル の 変数(V) を選択し
年をワクの中へ移動して，　OK　ボタンをマウスでカチッ！

【SPSSによる出力】

しばらくすると……，折れ線グラフができました．

あるテレビ番組の視聴率

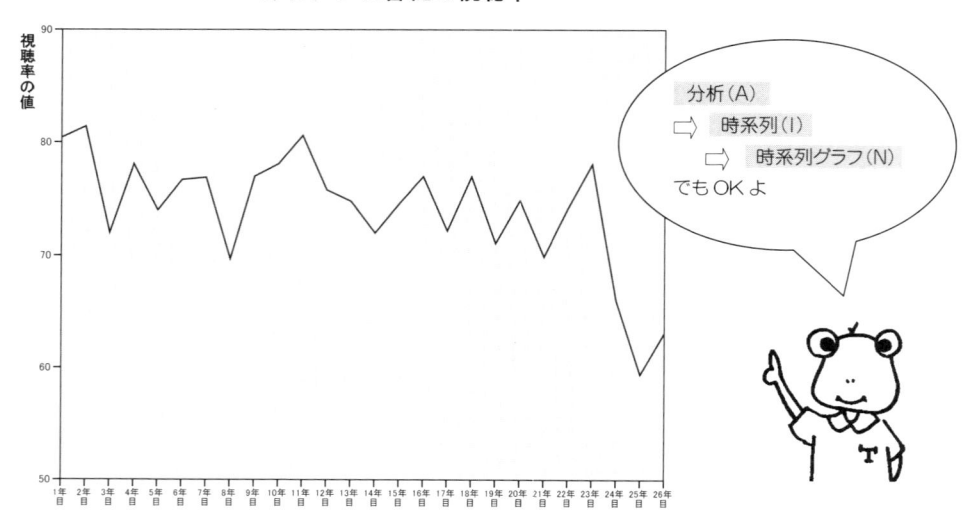

分析(A)
　⇒　時系列(I)
　　　⇒　時系列グラフ(N)
でもOKよ

【出力結果の読み取り方】

　この折れ線グラフを見ていると，視聴率は年ごとに上がったり，下がったりしていますが，全体として右下がりのような気がします．

　このようなときは，この折れ線グラフをもう少しなめらかにしてみましょう．その方法に

　　　　1．　3項移動平均
　　　　2．　5項移動平均

などがあります．

　3項移動平均とは，隣り合う3項の平均値を次々に求める方法です．

表 13.2　3項移動平均

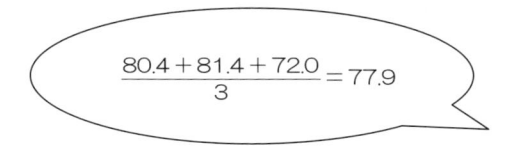

	データ	3項の合計	3項の平均値
1 年目	80.4		
2 年目	81.4	233.8	77.9
3 年目	72.0	231.5	77.2
4 年目	78.1	224.1	74.7
5 年目	74.0	228.8	76.3
6 年目	76.7	227.6	75.9

$$\frac{80.4 + 81.4 + 72.0}{3} = 77.9$$

　つまり，移動平均は，

　　　　"平均値をとることにより，グラフの折れ線をなめらかにする手法"

ということです．

Section 13.1　3項移動平均をしましょう

手順①　　変換(T) のメニューの中から，時系列の作成(M) を選択すると……

手順②　　次の画面になります．3項移動平均の値を 新しい変数(N) のところに作成しましょう．そこで，まずはじめに視聴率をクリック，さらに視聴率の右の▶をクリックすると……

手順③　視聴率1 = DIFF（視聴率1）という新しい変数ができました．でも
関数(F) のところを見てください．このままでは3項移動平均ではなく，
差分になってしまいます．そこで……

手順④　関数(F) の ▼ をクリックすると，次のようにいろいろな手法が用意され
ています．ここでは，中心化移動平均をクリックしましょう．

手順⑤　スパン(S)を3にして，変更(H)をクリック．

このようになったら，OKボタンをマウスでカチッ！

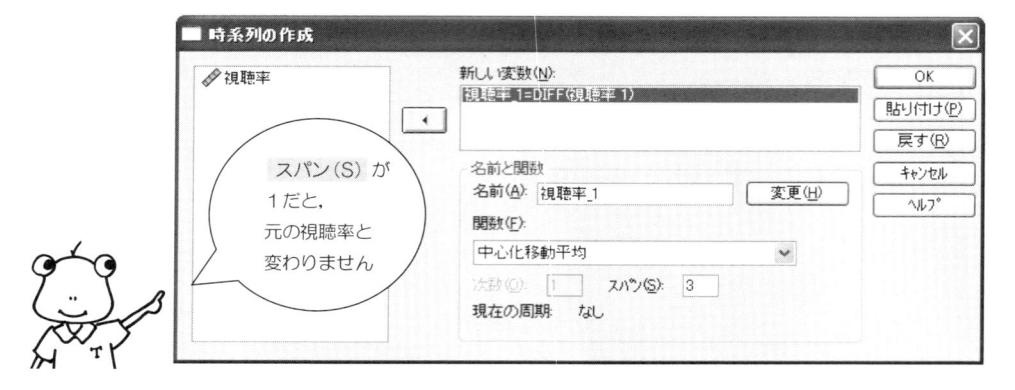

（スパン(S)が1だと，元の視聴率と変わりません）

【SPSSによる出力】

データビューの 視聴率 の右側に，新しい変数 視聴率_1 が現れています．

	年	視聴率	視聴率_1	var
1	1年目	80.4		
2	2年目	81.4	77.93	
3	3年目	72.0	77.17	
4	4年目	78.1	74.70	
5	5年目	74.0	76.27	
6	6年目	76.7	75.87	
7	7年目	76.9	74.43	
8	8年目	69.7	74.53	
9	9年目	77.0	74.93	
10	10年目	78.1	78.57	
11	11年目	80.6	78.17	
12	12年目	75.8	77.07	
13	13年目	74.8	74.20	
14	14年目	72.0	73.80	
15	15年目		74.53	
		66.0		
25	25年目	59.4	62.83	
26	26年目	63.1		
27				

【出力結果の読み取り方】

確認してみましょう．

$$77.93 = \frac{80.4 + 81.4 + 72.0}{3}$$

$$77.17 = \frac{81.4 + 72.0 + 78.1}{3}$$

な〜んだ．
3つの平均
のことね！

確かに，3項移動平均になっていますね!!

この視聴率1の折れ線グラフを描くと……

3項移動平均

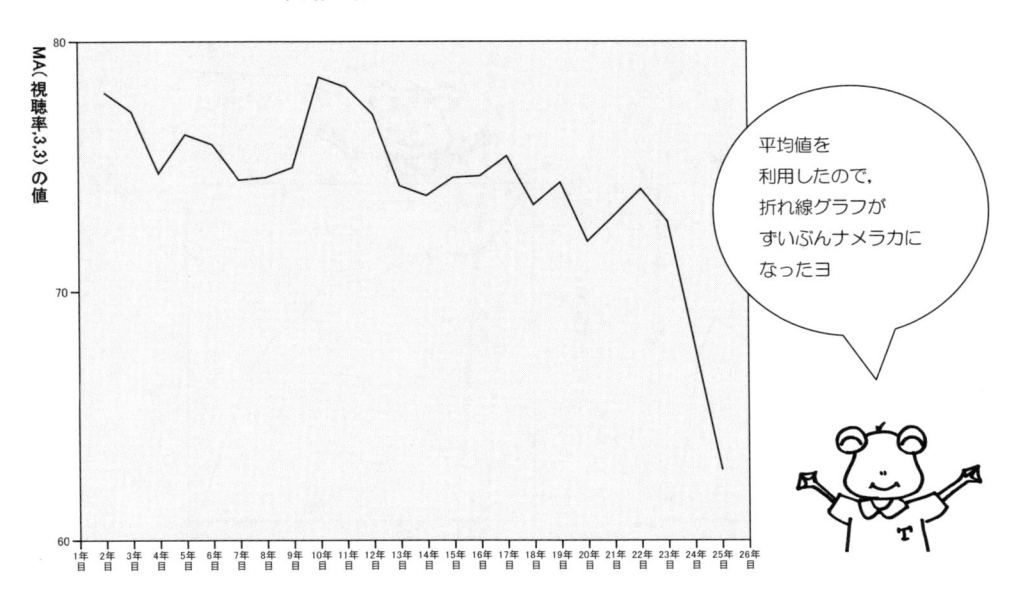

平均値を
利用したので，
折れ線グラフが
ずいぶんナメラカに
なったヨ

【5項移動平均のときは？】

ところで，5項移動平均をしたいときには，手順⑤のところで次のように スパン(S) を5とすればOKです．

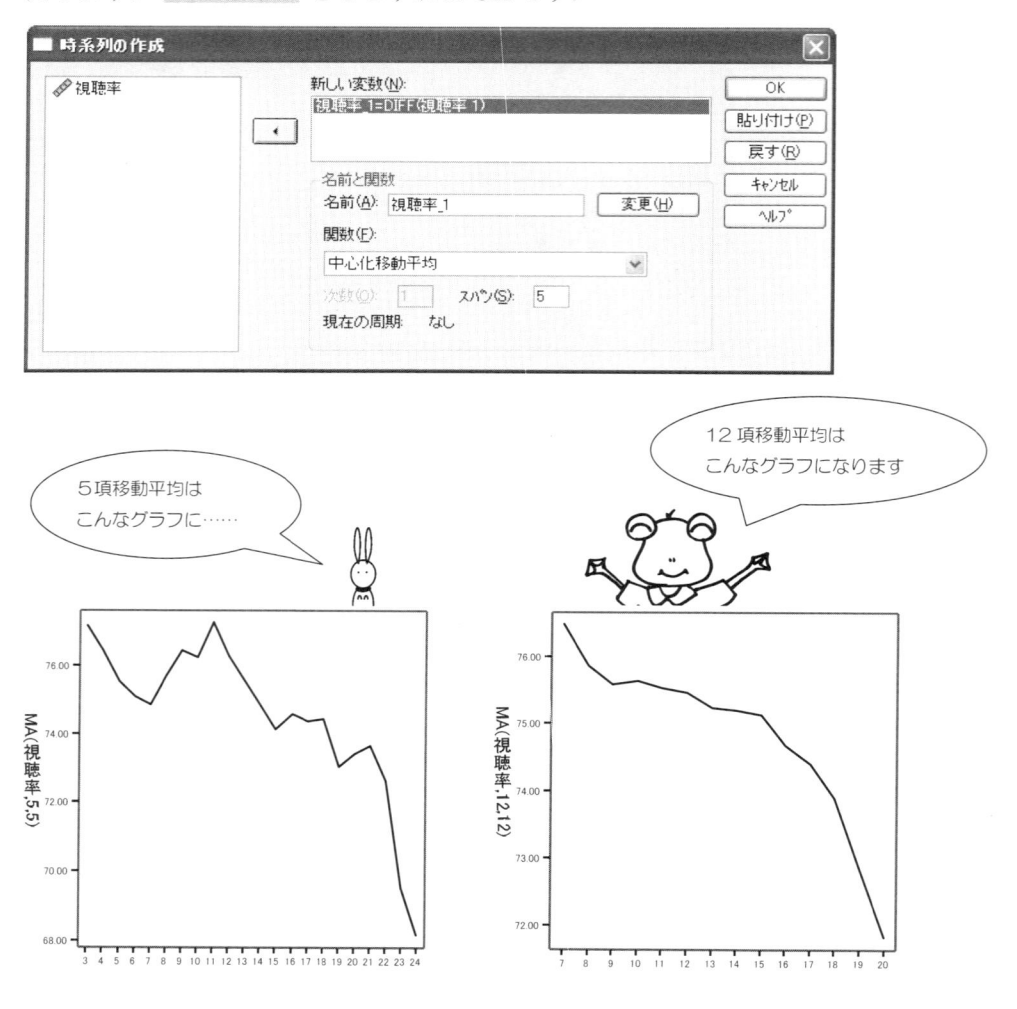

5項移動平均はこんなグラフに……

12項移動平均はこんなグラフになります

13章　付録　指数平滑化で明日を予測したい‼

時系列データは時間と共に変わるデータです．

このデータを利用して，明日を予測できないものなのでしょうか？

もし，明日を知ることができたら……⁉

その統計手法に

　　　　　　　"指数平滑化法"

があります．この方法は時系列データを使って

　　　　　　　"一期先（＝明日）を読む"

ためのものです．

　さっそく，チャレンジ‼

> 『SPSS による時系列分析の手順』第8章に指数平滑化法の説明がありま～す！

手順 1　　分析(A) のメニューから， 時系列(I) ⇨ モデルの作成(C) を選択します．

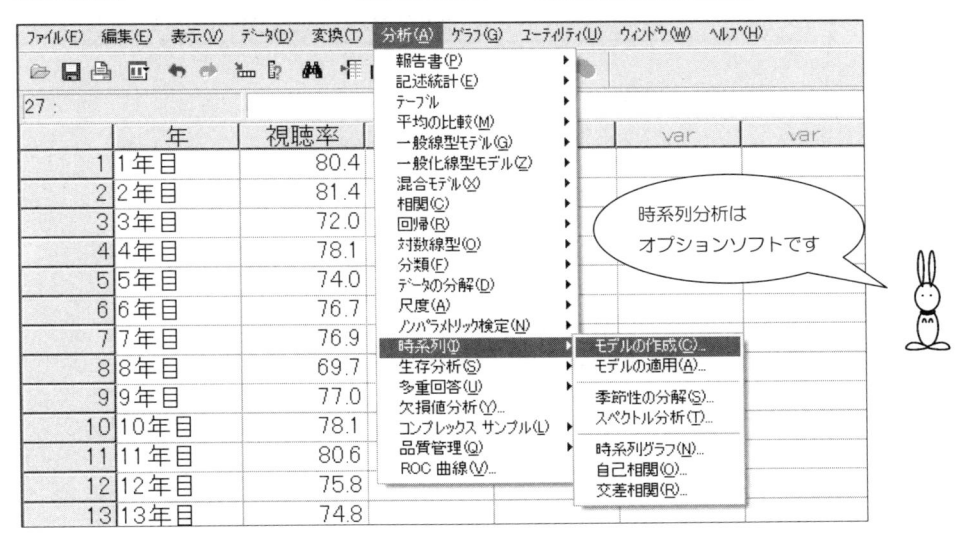

	年	視聴率
1	1年目	80.4
2	2年目	81.4
3	3年目	72.0
4	4年目	78.1
5	5年目	74.0
6	6年目	76.7
7	7年目	76.9
8	8年目	69.7
9	9年目	77.0
10	10年目	78.1
11	11年目	80.6
12	12年目	75.8
13	13年目	74.8

> 時系列分析はオプションソフトです

手順2　次の画面が現れるので，視聴率を 従属変数(D) のワクの中へ移動します．
方法(M) の中の指数平滑法を選んで，基準(C) をクリック．

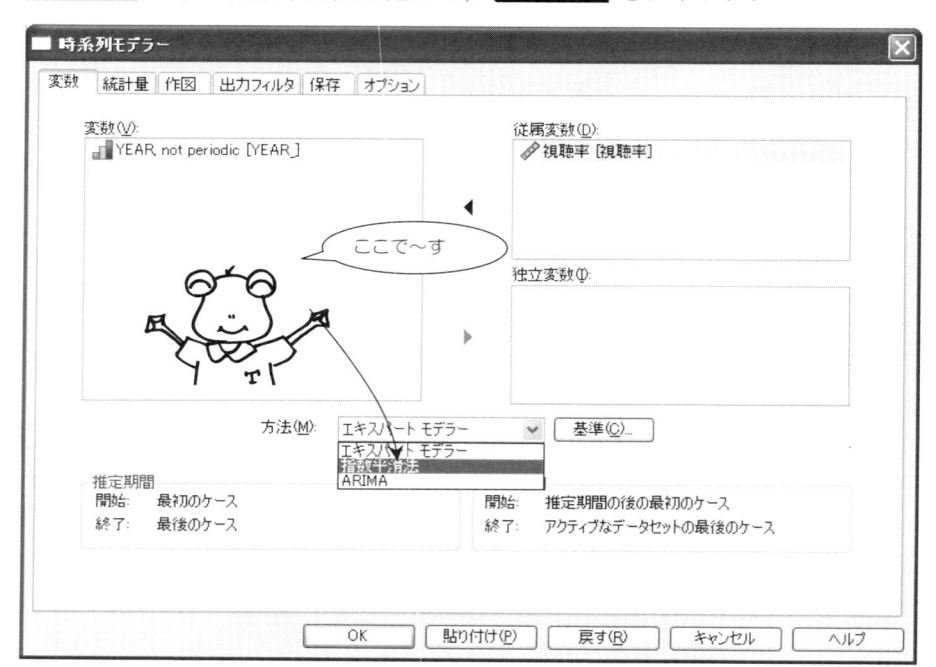

手順③　次のような指数平滑化のモデルが用意されています．
　　　　ここでは，非季節 の中の
　　　　　　○ 単純(S)
　　　　を選択して，続行 をクリックしましょう！

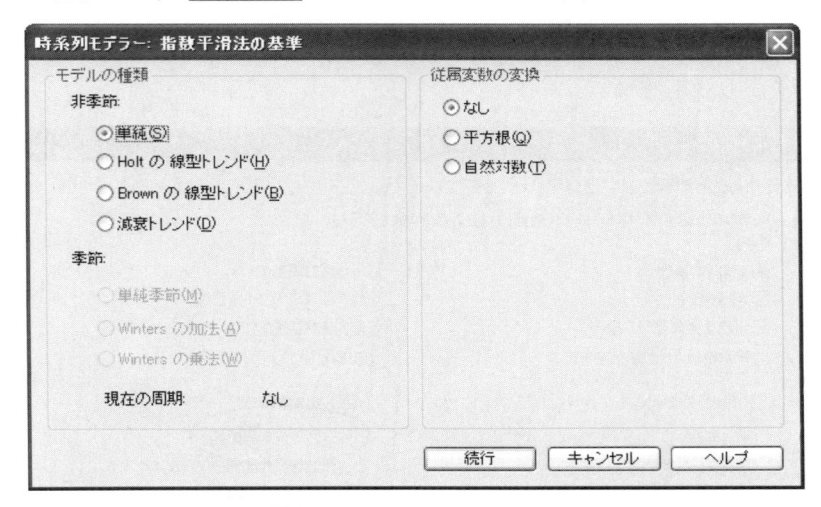

```
時系列モデラー: 指数平滑法の基準
┌─ モデルの種類 ──────────────┐ ┌─ 従属変数の変換 ─┐
│ 非季節:                          │ │ ⦿ なし          │
│   ⦿ 単純(S)                     │ │ ○ 平方根(Q)     │
│   ○ Holt の 線型トレンド(H)     │ │ ○ 自然対数(T)   │
│   ○ Brown の 線型トレンド(B)    │ │                 │
│   ○ 減衰トレンド(D)             │ │                 │
│ 季節:                            │ │                 │
│   ○ 単純季節(M)                 │ │                 │
│   ○ Winters の加法(A)           │ │                 │
│   ○ Winters の乗法(W)           │ │                 │
│   現在の周期:      なし          │ │                 │
└──────────────────────────────┘ └─────────────────┘
                      [ 続行 ] [ キャンセル ] [ ヘルプ ]
```

他のモデルの種類については
『SPSS による時系列分析の手順』を
参照してください

手順4　手順2 の画面に戻ったら，統計量 タブを開き，
　　　　個別モデルの統計量 の
　　　　　　　□ パラメータ推定値(M)
　　　と
　　　　　　　□ 予測値を表示(S)
　　　をチェックします．

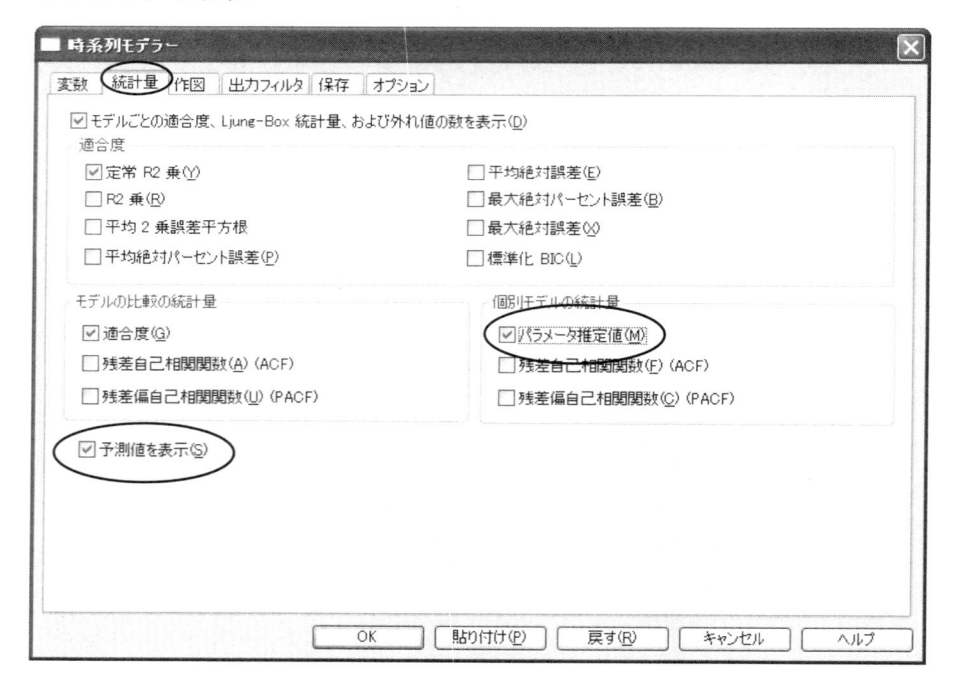

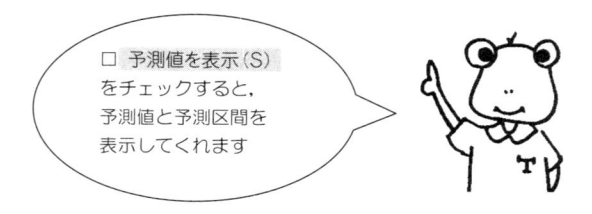

□ 予測値を表示(S)
をチェックすると，
予測値と予測区間を
表示してくれます

手順5 次は，作図 タブを開きます．

個別モデルの作図 で，各作図の表示内容 を

☑ 観測値(O)

☑ 当てはめ値(I)

のようにチェックします．

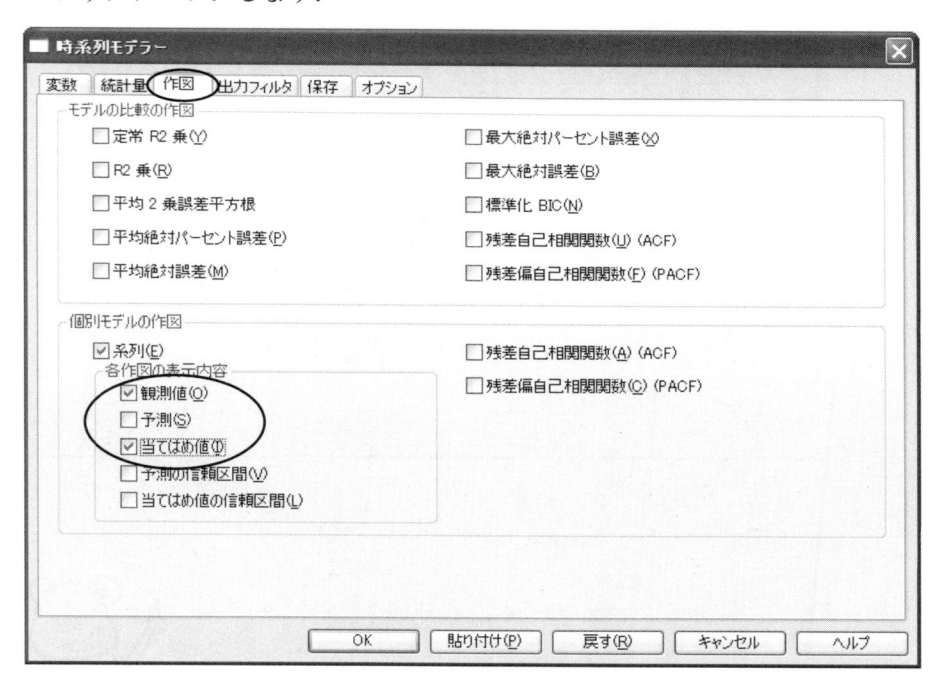

> ☐ 予測(S)
> をチェックすると，
> 予測をしたい区間の予測値を表示します．
> ☐ 当てはめ値(I)
> をチェックすると，
> すべての区間の予測値を表示します

手順⑥　**保存** タブでは，次のようにチェックしましょう．

吹き出し：予測値の区間推定をしたいときは **信頼限界の下限** □ **信頼限界の上限** □ をチェックしましょう

手順[7]　最後に オプション タブを開くと，次の画面になります．

　　　　○ 推定期間の後の最初のケースから指定された日付まで(C)

を選択して，

日付(D) に，次のように入力します．

あとは，　OK　ボタンをマウスでカチッ！

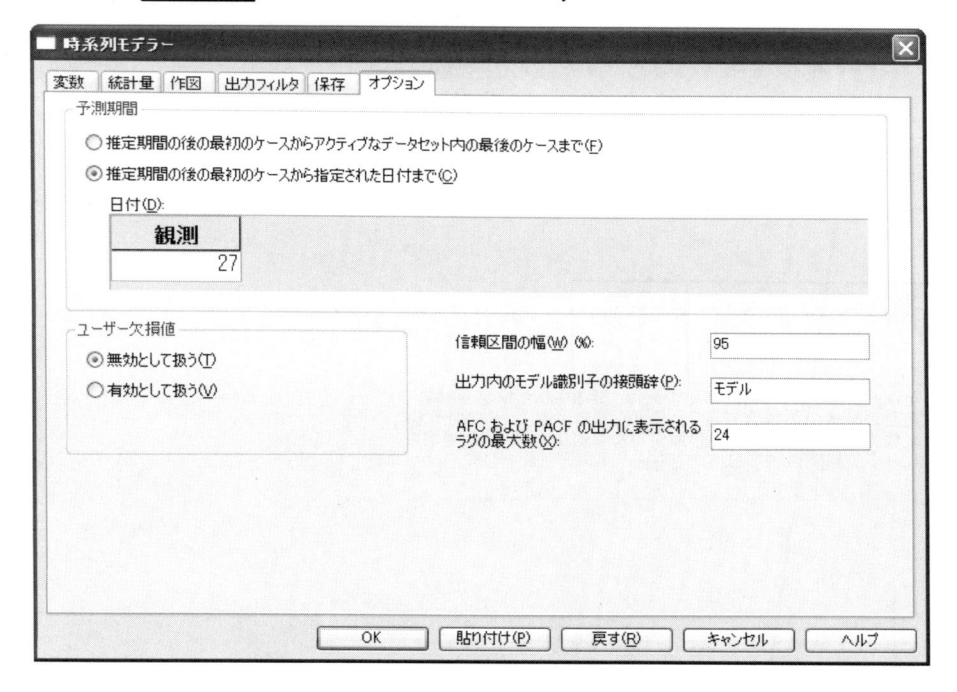

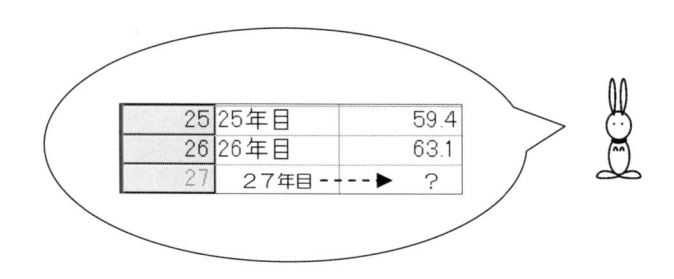

（ダイアログ画像：時系列モデラー オプションタブ。日付(D)：観測 27。信頼区間の幅(W)(%)：95，出力内のモデル識別子の接頭辞(P)：モデル，AFCおよびPACFの出力に表示されるラグの最大数(X)：24）

25	25年目	59.4
26	26年目	63.1
27	27年目 - - - - ▶	?

付録　指数平滑化で明日を予測したい！！　　231

【SPSSによる出力】
時系列モデル

モデルの説明

			モデルの種類
モデル ID	視聴率	モデル_1	単純

← ①

モデルの要約

指数平滑法モデル パラメータ

モデル			推定値	SE	t	有意確率
視聴率-モデル_1	変換なし	アルファ（レベル）	.427	.185	2.312	.029

← ②

予測

モデル		27
視聴率-モデル_1	予測	64.9
	UCL	74.4
	LCL	55.4

← ③

それぞれのモデルに対して、予測は、要求された推定期間の範囲の最後の欠損値ではない値から開始され、すべての予測変数の欠損値ではない値が取得可能な最後の期間と、要求された予測期間の終了日時のどちらか早い方で終わります。

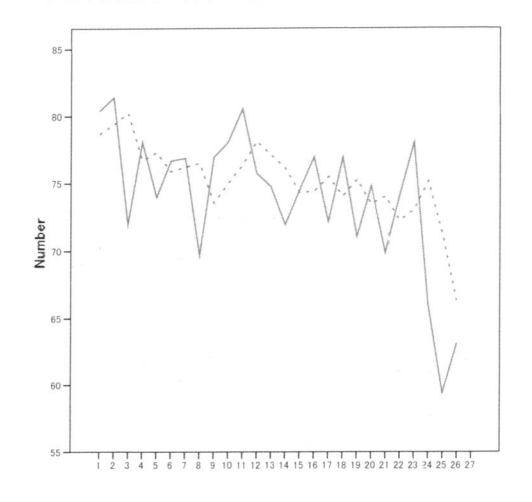

【出力結果の読み取り方】

←① モデルの説明です．
このモデルは**単純指数平滑化モデル**であることを示しています．

←② パラメータ α を求めています．
時系列データ
$$\cdots, x(t-3), x(t-2), x(t-1), x(t)$$
に対し，時点 t の1期先の予測値を $\hat{x}(t, 1)$ とすると
この指数平滑化のモデル式は
$$\hat{x}(t, 1) = 0.427 \times x(t) + 0.427(1 - 0.427) \times x(t-1)$$
$$+ 0.427(1 - 0.427)^2 \times x(t-2)$$
$$+ \cdots$$
であることがわかります．

←③ 27年目の視聴率の予測値です．
$$\hat{x}(t, 1) = 0.427 \times 63.1 + 0.427(1 - 0.427) \times 59.4$$
$$+ 0.427(1 - 0.427)^2 \times 66.0$$
$$\vdots$$
$$\vdots$$
$$= 64.9$$

演習13

次のデータは株価の変動を調査したものです．

問 13.1　3項移動平均のグラフを作ってください．

問 13.2　5項移動平均のグラフを作ってください．

（12項移動平均もおこなってみましょう！）

表13.3　企業の株価

時点	株価	時点	株価	時点	株価	時点	株価	時点	株価
1	35.3	21	31.7	41	29.0	61	32.3	81	33.5
2	34.7	22	32.0	42	29.5	62	32.7	82	33.2
3	34.5	23	32.5	43	29.6	63	32.8	83	33.1
4	33.5	24	32.3	44	29.1	64	32.5	84	34.1
5	32.5	25	33.0	45	28.2	65	33.2	85	34.2
6	32.6	26	32.6	46	28.6	66	33.5	86	34.2
7	32.2	27	31.7	47	28.8	67	33.0	87	33.6
8	32.5	28	29.5	48	28.2	68	33.0	88	33.1
9	30.8	29	29.8	49	28.2	69	31.8	89	33.3
10	31.5	30	30.0	50	28.5	70	31.8	90	32.6
11	30.6	31	30.9	51	28.6	71	32.6	91	31.7
12	31.0	32	30.0	52	28.6	72	33.0	92	32.3
13	31.0	33	30.5	53	29.2	73	33.5	93	32.7
14	32.1	34	30.7	54	29.8	74	33.2	94	32.7
15	32.6	35	30.1	55	30.5	75	33.3	95	32.5
16	32.1	36	29.6	56	31.0	76	33.7	96	32.0
17	32.7	37	30.0	57	31.3	77	34.0	97	31.2
18	32.2	38	29.5	58	31.5	78	34.1	98	30.6
19	32.2	39	29.1	59	31.7	79	34.3	99	31.3
20	31.7	40	29.0	60	32.3	80	34.1	100	30.7

解答

答 13.1

株価の3項移動平均

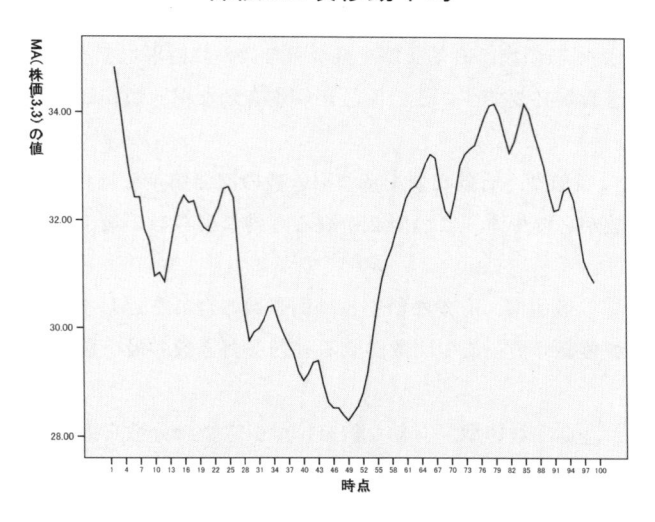

答 13.2

株価の5項移動平均

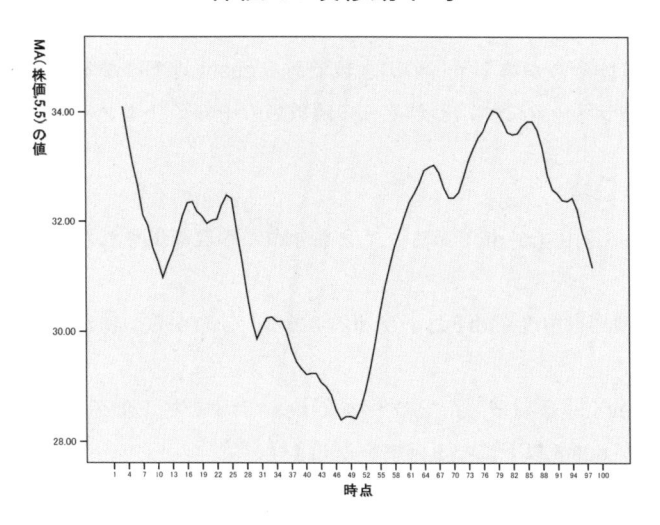

演習 13　235

付録　SPSS 関数一覧

統計関数

Mean (numexpr, numexpr [,...])　　数値型．有効な値を持つ引き数の算術平均を返します．この関数には 2 つ以上の数値の引き数が必要です．この関数が取る有効な引き数の最小数を指定することができます．

Sd (numexpr, numexpr [,...])　　数値型．有効な値を持つ引き数の標準偏差を返します．この関数には 2 つ以上の数値の引き数が必要です．この関数が取る有効な引き数の最小数を指定することができます．

Sum (numexpr, numexpr [,...])　　数値型．有効な値を持つ引き数の合計を返します．この関数には 2 つ以上の数値の引き数が必要です．この関数が取る有効な引き数の最小数を指定することができます．

Variance (numexpr, numexpr [,...])　　数値型．有効な値を持つ引き数の分散を返します．この関数には 2 つ以上の数値の引き数が必要です．この関数が取る有効な引き数の最小数を指定することができます．

分布関数

以下の関数は指定した分布の確率変数が第 1 番目の引き数である quant 以下になる確率を与えます．それ以降の引き数は分布のパラメータです．それぞれの関数名の中のピリオドの有無に注意してください．

Cdf.Chisq (quant, df)　　数値型．自由度が df であるカイ 2 乗分布から取り出された値が quant 以下になる確率を返します．

Cdf.F (quant, df1, df2)　　数値型．自由度が df1 および df2 である F 分布からの値が quant 以下になる確率を返します．

Cdf.Normal (quant, mean, stddev)　　数値型．指定の平均値 mean および標準偏差 stddev を持つ正規分布から取り出された値が quant 以下になる確率を返します．

Cdf.T (quant, df)　　数値型．指定の自由度 df を持つ t 分布から取り出された値が quant 以下にな

る確率を返します．

逆分布関数

以下の関数は指定の分布の中で，最初の引き数 prob と等しい確率を持つ値を返します．以下の引き数は分布のパラメータです．それぞれの関数名の中にピリオドの有無に注意してください．

Idf.Chisq（prob, df）　数値型．確率が prob に等しい値を指定の自由度 df を持つカイ2乗分布から取り出して返します．

Idf.F（prob, df1, df2）　数値型．確率が prob に等しい値を指定の自由度を持つ F 分布から取り出して返します．

Idf.Normal（prob, mean, stddev）　数値型．確率が prob に等しい値を指定の mean および標準偏差 stddev を持つ正規分布から取り出して返します．

Idf.T（prob, df）　数値型．確率が prob に等しい値を指定の自由度 df を持つ t 分布から取り出して返します．

参　考　文　献

［1］『すぐわかる統計処理』　　　　（石村貞夫，1994）
［2］『すぐわかる統計解析』　　　　（石村貞夫，1993）
［3］『すぐわかる多変量解析』　　　（石村貞夫，1992）
［4］『すぐわかる統計用語』　　　　（石村貞夫，デズモンド・アレン，1997）
［5］『グラフ統計のはなし』　　　　（石村貞夫，1995）
［6］『よくわかる線型代数』　　　　（有馬　哲，石村貞夫，1986）
［7］『SPSSによる統計処理の手順（第5版）』　　　　　（石村貞夫，2007）
［8］『SPSSによる分散分析と多重比較の手順（第3版）』　（石村貞夫，2006）
［9］『SPSSによる多変量データ解析の手順（第3版）』　　（石村貞夫，2005）
［10］『SPSSによる時系列分析の手順（第2版）』　　　　（石村貞夫，2006）
［11］『SPSSによるカテゴリカルデータ分析の手順（第2版）』（石村貞夫，2005）
［12］『SPSSでやさしく学ぶ多変量解析（第3版）』　　　（石村貞夫，石村光資郎，2006）
［13］『入門はじめての統計解析』　　　　　　　　　　　（石村貞夫，2006）
［14］『入門はじめての多変量解析』　　　　　　　　　　（石村貞夫，石村光資郎，2007）
［15］『入門はじめての分散分析と多重比較』　　　　　　（石村貞夫，石村光資郎，2008）

以上　東京図書

索　引

英　字

Cdf.Normal	148
F 値	207, 210
F 分布	141, 161
Idf.Chisq	159
Idf.F	164
Idf.Normal	145
Idf.T	152
IF(I)	37
IF 条件が満たされるケース(C)	37
Ln	30
Pearson(N)	117
t 値	189
t 分布	141, 149
X 軸(X)	121
Y 軸(Y)	121

ア　行

値(U)	9
値ラベル(E)	8
新しい値	33
新しい変数(N)	40, 220
当てはめ値(I)	229
アンケート調査	194
1 元配置の分散分析表	207
一元配置分散分析(O)	209
今までの値と新しい値(O)	33, 93
印刷	15
印刷(P)	15
因子(F)	209
インタラクティブ(A)	73
エラーバー	55, 68
エラーバー(O)	68
円グラフ	54
重み付き	47
折れ線(L)	217
折れ線グラフ	54, 217

カ　行

回帰(R)	134, 135, 213
回帰直線	135
階級	84
階級値	84
カイ 2 乗(H)	199
カイ 2 乗検定	200
カイ 2 乗分布	141, 155
各ケースの値(I)	62, 217
確率分布	140
仮説の検定	180
型	5
片側検定	185, 191
カテゴリ軸(X)	58
カテゴリラベル	218
間隔の数	87
間隔の幅	87

関数	236
関数(F)	221
関数グループ(G)	30, 145, 152, 159
観測値(O)	229
関連がある	198
棄却域	184, 189, 211
棄却限界	189
記述統計(D)	30, 103
記述統計(E)	30, 90, 96, 103, 108, 174, 182, 196, 199
基準(C)	226
基礎統計量	103
ギャラリ	72
行(O)	197, 199
行と列の入れ替え(T)	105
共分散	119
曲線推定(C)	134
区間推定	172
グラフ	53
グラフ(G)	53, 57, 65, 120, 128
グループ化変数(G)	187
グループごとの集計(G)	57, 66
グループの定義(D)	188
クロス集計表	194
クロス集計表(C)	196, 199
系列平均	40
ケースの重み付け(W)	45
ケースの数(N)	58
ケースの選択(C)	36
ケースの挿入(I)	16
ケースの並べ替え(O)	43

ケースのラベル(L)	121
欠損値	39
欠損値の置き換え(V)	39
検定	180
検定変数(T)	187
合計(S)	104
交差積和と共分散(C)	117
5項移動平均	219, 224
誤差	137
5％トリム平均	110

サ 行

最小2乗法	137
最小値(N)	104
最大値(X)	104
差の検定	208
3項移動平均	220
残差	137
散布図	120, 126
散布図/ドット(S)	55, 120, 128
時系列(I)	225
時系列データ	216, 225
時系列の作成(M)	220
指数平滑化	233
指数平滑化法	225
実測値	137
4分位範囲	110
周囲平均値	41
従属変数(D)	108, 135, 174, 213, 226
従属変数リスト(E)	209
終了	20

重回帰分析の分散分析表	206, 212
自由度	149, 207, 210
昇順(A)	43
小数桁数	5, 13
信頼係数	70
信頼係数95％の区間推定	175
信頼限界の下限	230
信頼限界の上限	230
推定	170
推定期間の後の最初のケースから指定された日付まで(C)	231
数式(E)	27, 148
スパン(S)	222
図表(C)	96
図表内のデータ	57
図表にケースラベルを表示(S)	130
図表ビルダー(C)	71
正確確率検定	201
正規分布	141
積和	119
漸近有意確率	201
線型(L)	135, 213
選択されていないケース	38
選択状況	37
尖度	104
線の表現内容(L)	218
相関(C)	116, 132
相関係数	55, 114, 119, 132
相対度数	84
挿入	16

タ 行

対数変換	30
対立仮説	185
他の変数への値の再割り当て(R)	31, 92
探索的(E)	108, 174, 182
単純	120, 128
単純(S)	227
中央値	104, 110
中心化移動平均	221
追加(A)	33
データの選択	36
データの並べ替え	43
データの標準化	30
データの変換	24
データビュー	7
統計(S)	109, 174, 199
独立したサンプルのT検定(T)	187
独立性の検定	201
独立変数(I)	135, 213
度数	84
度数分布表	84
度数分布表(F)	90, 96
度数変数(F)	47
ドロップライン	54

ナ 行

名前を付けて保存(A)	14
並べ替え	43
2変量(B)	116, 132

ハ 行

ハイローグラフ	54
箱ひげ図	55, 65
箱ひげ図(X)	65
バーの表現内容(B)	69
幅	5
パラメータ推定値(M)	228
パラメータの推定	170
範囲(N)	94
ヒストグラム	84
ヒストグラム(I)	85
日付(D)	231
ピボット(P)	105
標準化	26
標準化係数	139
標準化された値を変数として保存(Z)	30
標準誤差	55, 107, 173
標準正規分布	141, 142
標準偏差	26, 104, 119, 171
標準偏差(T)	104
開く(O)	25
ファイル(F)	14
ファイルの場所(I)	25
ファイル名(N)	14, 25
分散	104
分散(V)	104
分散分析表	206
平均値	26, 104, 170, 180
平均値(M)	104
平均値と標準偏差(M)	117
平均値の区間推定	174
平均値の差の検定	186
平均値の信頼区間	69
平均値の信頼区間(C)	109, 175
平均の比較(M)	187, 209
平均平方	207, 210
平方和	119, 207
変換(T)	26, 31
変換先変数	32, 93
変更(C)	93
変数(V)	85, 90
変数の計算(C)	26, 144, 151
変数の挿入(V)	18
変数ビュー	4
変数名	4
変動	207
棒(B)	57, 64, 73
棒グラフ	53, 56, 72, 75
棒の表現内容	58
棒の表現内容(B)	61
方法(M)	40, 226
保存	14
母平均の区間推定	173

マ, ヤ 行

目標変数(T)	27, 145, 151
文字型(R)	6
文字型変数への出力(B)	51
モデルの作成(C)	225
有意確率	191
ユーザー指定	87

予測	225	両側検定	185, 189
予測値	137	累積相対度数	84
予測値を表示(S)	228	累積度数	84
		列(C)	197, 199
ラ，ワ　行		レガシーダイアログ(L)	57
		歪度	104
ラベル	8		

著者紹介

石村貞夫（いしむらさだお）
1975 年　早稲田大学理工学部数学科卒業
1977 年　早稲田大学大学院理工学研究科数学専攻修了
現　在　鶴見大学准教授
　　　　理学博士
　　　　統計コンサルタント，統計アナリスト

石村光資郎（いしむらこうしろう）
2002 年　慶應義塾大学理工学部数理科学科卒業
2008 年　慶應義塾大学大学院理工学研究科基礎理工学専攻
　　　　博士課程修了
現　在　慶應義塾大学理工学部客員研究員
　　　　博士（理学）

SPSS（エスピーエスエス）でやさしく学（まな）ぶ統計解析（とうけいかいせき）［第 3 版］

1999 年　2 月 25 日　第 1 版第 1 刷発行
2002 年 12 月 25 日　第 2 版第 1 刷発行
2007 年　6 月 25 日　第 3 版第 1 刷発行
2008 年　5 月 10 日　第 3 版第 2 刷発行

著　者　　石　村　貞　夫
　　　　　石　村　光　資　郎
発行所　　東京図書株式会社

〒 102-0072　東京都千代田区飯田橋 3-11-19
振替 00140-4-13803　電話 03(3288)9461
http://www.tokyo-tosho.co.jp/

ISBN 978-4-489-02007-0

©Junko Muro & Sadao Ishimura 1999, 2002, Printed in Japan
©Sadao Ishimura & Koshiro Ishimura 2007, Printed in Japan